標準レベル 1

かけ算

勉強した日［　　月　　日］

時間 20分　合かく　とく点

1 つぎのかけ算をしなさい。（2点×6）

(1) 4×7　　(2) 5×3

(3) 8×2　　(4) 6×6

(5) 0×4　　(6) 9×0

2 つぎの□にあてはまる数を書きなさい。（3点×6）

(1) 3×8=□×3　　(2) 5×□=9×5

(3) 6×5=5×□　　(4) 0×2=2×□

(5) 4×8=4×7+□

(6) 7×5=7×6−□

3 ひろしさんの家に友だちが4人集まりました。カードを1人に3まいずつあげます。**カードは全部で何まいいりますか。**（5点）

□

4 お皿が6まいあります。ひとつのお皿に8こずつあめをのせていきます。**あめは全部で何こいりますか。**（5点）

□

5 ひろみさんは，かけ算を1日に5問ずつ練習することにしました。**7日間で何問のかけ算を，練習することができますか。**（5点）

□

6 5円玉が3まいと1円玉が8まいあります。**全部で何円になりますか。**（5点）

□

上級 レベル 2

かけ算

勉強した日〔　月　日〕

時間 20分	とく点
合かく 35点	50点

1 つぎのかけ算をしなさい。（2点×6）

(1) 6×9　　(2) 7×5

(3) 7×8　　(4) 8×8

(5) 9×7　　(6) 4×6

2 つぎの□にあてはまる数を書きなさい。（3点×6）

(1) 5×4=□×5　　(2) 6×□=9×2

(3) 0×2=5×□　　(4) □×3=4×6

(5) 3×6=3×□+3

(6) 6×□=6×9−6

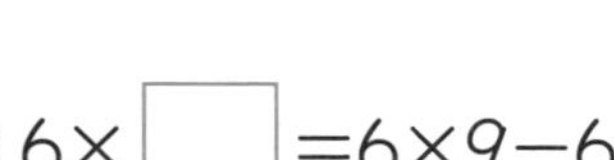

3 8台の自動車（じどうしゃ）に4人ずつ乗（の）って遊（あそ）びに行きました。何人で遊びに行きましたか。（5点）

□

4 8円のおかしを9こ買いました。100円玉を1まい出すとおつりは何円になりますか。（5点）

□

5 1ふくろ6こ入りのパンを3ふくろと，1ふくろ8こ入りのパンを7ふくろ買いました。パンは全部（ぜんぶ）で何こになりますか。（5点）

6 4人がけのいすが7きゃく，6人がけのいすが8きゃくあります。全部で何人すわることができますか。（5点）

□

1回 20回 40回 60回 80回 100回 120回 GOAL

勉強した日 〔　月　日〕

時間 20分	とく点
合かく 40点	50点

標準レベル 3 わり算 (1)

1 つぎのわり算をしなさい。(2点×8)

(1) 18÷3　　(2) 12÷2

(3) 27÷3　　(4) 27÷9

(5) 32÷8　　(6) 45÷5

(7) 4÷4　　(8) 7÷7

2 つぎの□にあてはまる数を書きなさい。(3点×6)

(1) 24=□×4　　(2) 6×□=54

(3) 35=5×□　　(4) □×3=15

(5) 16=□×2　　(6) □×8=48

3 クッキーが12こあります。1人に4こずつ分けると，何人に分けられますか。(4点)

□

4 箱(はこ)にあめが63こ入っています。7人で同じ数ずつ分けます。1人分は何こになりますか。(4点)

□

5 赤いバラが24本あります。白いバラが8本あります。赤いバラは白いバラの何倍(なんばい)ありますか。(4点)

□

6 36 cmのひもでできるだけ大きな正方形をつくろうと思います。1つの辺(へん)を何 cmにすればよいですか。(4点)

□

勉強した日〔　　月　　日〕

時間 20分	とく点
合かく 35点	50点

上級レベル 4 わり算 (1)

1 つぎのわり算をしなさい。(2点×8)

(1) 63÷9　　(2) 48÷8

(3) 42÷7　　(4) 40÷8

(5) 35÷5　　(6) 49÷7

(7) 64÷8　　(8) 54÷9

2 つぎの□にあてはまる数を書きなさい。(3点×6)

(1) 56÷7=□×4　　(2) 32÷□=2×4

(3) 45÷9=15÷□　　(4) 54÷□=36÷6

(5) 20÷4=□×5　　(6) 8÷8=□÷4

3 72 このりんごがあります。1 人に 8 こずつ分けると，何人に分けることができますか。(4点)

□

4 1 ふくろに 6 こずつチョコレートが入っています。このふくろを 4 ふくろ買ってきて，8 人で同じ数ずつ分けます。チョコレートは 1 人何こずつになりますか。(4点)

□

5 黒石と白石があわせて 48 こあります。黒石は 8 こあります。白石は黒石の何倍(なんばい)ありますか。(4点)

□

6 同じあつさの本が 7 さつつんであります。高さをはかると 21 cm ありました。同じ本を 9 さつつむと高さは何 cm になりますか。(4点)

□

1回　20回　40回　60回　80回　100回　120回

標準レベル 5 わり算(2)

勉強した日〔　　月　　日〕

時間 20分	とく点
合かく 40点	50点

1 つぎのわり算をしなさい。(2点×8)

(1) 60÷2　　(2) 80÷4

(3) 60÷3　　(4) 40÷4

(5) 2÷1　　(6) 6÷1

(7) 0÷2　　(8) 0÷7

2 つぎのわり算をしなさい。(3点×6)

(1) 24÷2　　(2) 63÷3

(3) 82÷2　　(4) 44÷2

(5) 48÷2　　(6) 68÷2

3 40このケーキがあります。1人に2こずつ分けると，何人に分けることができますか。(4点)

4 90まいの色紙を3人に同じまい数ずつ分けます。1人分は何まいになりますか。(4点)

5 36本の花があります。3本ずつたばねて花たばをつくると，花たばは何たばできますか。(4点)

6 はやとさんは120円持(も)っています。えん筆(ぴつ)を4本買うと40円のこりました。えん筆1本は何円ですか。(4点)

1回 20回 40回 60回 80回 100回 120回

勉強した日 〔　月　日〕

上級レベル 6 わり算 (2)

時間 20分	とく点
合かく 35点	50点

1 つぎのわり算をしなさい。（2点×8）

(1) 80÷2　(2) 70÷7

(3) 40÷1　(4) 8÷1

(5) 0÷1　(6) 1÷1

(7) 96÷3　(8) 88÷2

2 つぎの□にあてはまる数を書きなさい。（2点×6）

(1) 90÷3=60÷□　(2) 80÷8=10×□

(3) 48÷4=□×4　(4) 36÷□=6×6

(5) □÷4=8×0　(6) 9÷1=1×□

3 80 cm のリボンがあります。**4 cm ずつ切り取っていくと，何本のリボンに分けられますか。**（4点）

□

4 ジュースが 3 L あります。6 dL 飲んだあとで，のこりを 2 本のびんに等しく分けました。**1 本のびんに入っているジュースは何 dL ですか。**（6点）

□

5 145 ページある本を 76 ページまで読みました。**のこりを 3 日間で読み終えるには，毎日，何ページずつ読めばよいですか。**（6点）

□

6 90 この玉をふくろに分けて入れます。はじめ 2 まいのふくろに玉を 3 こずつ入れ，のこりのふくろに玉を 4 こずつ入れると，ちょうど入りました。**ふくろは全部で何まいありますか。**（6点）

□

標準レベル 7

0のつくかけ算

勉強した日〔　　月　　日〕

時間 20分	とく点
合かく 40点	50点

1 つぎのかけ算をしなさい。(2点×8)

(1) 30×2　　(2) 60×4

(3) 40×7　　(4) 50×6

(5) 2×60　　(6) 3×40

(7) 7×90　　(8) 2×50

2 つぎのかけ算をしなさい。(2点×6)

(1) 200×4　　(2) 300×4

(3) 7×100　　(4) 6×600

(5) 500×4　　(6) 5×800

3 80円のおかしを9こ買いました。1000円さつを1まい出すとおつりは何円になりますか。(5点)

[　　　]

4 4人がけのベンチが30きゃくと，3人がけのベンチが80きゃくあります。全部(ぜんぶ)で何人すわれますか。(5点)

[　　　]

5 500円玉が3まいと10円玉が8まいあります。全部で何円になりますか。(6点)

[　　　]

6 まさるさんは，1本60円のえん筆(ぴつ)を8本と1さつ200円のノートを6さつ買おうと思いましたが，お金が20円たりません。まさるさんはお金を何円持(も)っていますか。(6点)

[　　　]

1回 20回 40回 60回 80回 100回 120回 GOAL

上級レベル 8 0のつくかけ算

勉強した日［　月　日］

時間 20分	とく点
合かく 35点	50点

1 つぎのかけ算をしなさい。（2点×6）

(1) 20×40　(2) 30×90

(3) 10×30　(4) 80×80

(5) 40×50　(6) 50×20

2 つぎのかけ算をしなさい。（2点×8）

(1) 300×20　(2) 400×30

(3) 100×70　(4) 700×70

(5) 3000×20　(6) 8000×60

(7) 200×50　(8) 5000×60

3 90円のノートを20さつと，50円の消(け)しゴムを40こ買います。**全部(ぜんぶ)で何円になりますか。**（5点）

4 1こ400円のケーキを60こと，1こ200円のパンを40こ買います。**全部で何円になりますか。**（5点）

5 あるスーパーで，1本50円のきゅうりを4本ずつ入れたふくろが800ふくろ売れました。**売れた代金(だいきん)は全部で何円ですか。**（6点）

6 1こ3000円のぬいぐるみを70こ買います。たくさん買うので，お店の人がぬいぐるみ1こにつき200円ずつ安(やす)くしてくれました。**代金は全部で何円ですか。**（6点）

標準レベル 9

時こくと時間 (1)

1回 20回 40回 60回 80回 100回 120回 GOAL

勉強した日〔　月　日〕

時間 20分	とく点
合かく 40点	/50点

1 つぎの□にあてはまる数を書きなさい。(3点×8)

(1) 3 分＝□秒

(2) 120 秒＝□分

(3) 4 分 20 秒＝□秒

(4) 10 分＝□秒

(5) 100 秒＝□分□秒

(6) 85 秒＝□分□秒

(7) 1 時間＝□秒

(8) 90 分＝□時間□分

2 つぎの□にあてはまる，時間のたんいを書きなさい。(2点×4)

(1) 50 m 走るのにかかった時間　11□

(2) 算数のじゅぎょう時間　45□

(3) 遠足に行っていた時間　6□

(4) きゅう食の時間　40□

3 家を 9 時 15 分に出て，40 分歩くと公園に着きました。着いた時こくは何時何分ですか。(4点)

□

4 家を出て 20 分歩き，図書館に 11 時 53 分に着きました。家を出た時こくは何時何分ですか。(4点)

□

5 家を 7 時 20 分に出て，学校に 7 時 50 分に着きました。家を出てから学校に着くまでにかかった時間は何分ですか。(5点)

□

6 公園にいた時間は 40 分，図書館にいた時間は 50 分です。あわせて何時間何分ですか。(5点)

□

上級レベル 10

時こくと時間 (1)

勉強した日 〔　月　日〕

時間 20分	とく点
合かく 35点	50点

1 つぎの□にあてはまる数を書きなさい。(3点×6)

(1) 30 分＝□秒　(2) 250 秒＝□分□秒

(3) 10 分 28 秒＝□秒

(4) 584 秒＝□分□秒

(5) 4 時間 52 分＝□分

(6) 1 時間 20 分＝□秒

2 つぎの時こくを 24 時せいで表しなさい。(3点×4)

(1) 午後 1 時

(2) 午後 4 時 30 分

(3) 午後 9 時 47 分

(4) 午後 11 時 56 分

3 なおとさんは，家を 10 時 50 分に出て，45 分歩くと公園に着きました。**公園に着いた時こくは何時何分ですか。**(5点)

4 ゆかさんは，家を出て 38 分歩き，おばあさんの家に 9 時 14 分に着きました。**家を出た時こくは何時何分ですか。**(5点)

5 しおりさんは，家を 7 時 40 分に出て，学校に 8 時 15 分に着きました。**家から学校までかかった時間は何分ですか。**(5点)

6 勉強をしていた時間は 2 時間 55 分，読書をしていた時間は 1 時間 35 分です。**あわせて何時間何分ですか。**(5点)

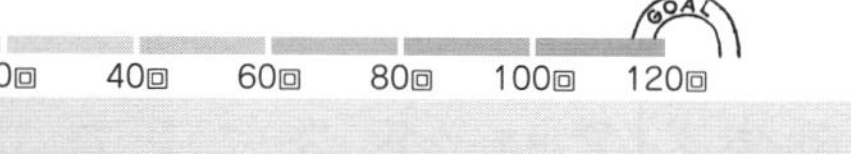

標準レベル 11

時こくと時間 (2)

勉強した日〔　月　日〕

時間 20分	とく点
合かく 40点	/50点

1 つぎの計算をしなさい。(4点×4)

(1)
	時間	分
	2	34
+	1	17

(2)
	分	秒
	27	18
+	14	29

(3)
	時間	分
	4	28
−	1	15

(4)
	分	秒
	42	26
−	27	11

2 つぎの計算をして□にあてはまる数を書きなさい。(4点×4)

(1) 4時間18分+2時間25分＝□時間□分

(2) 6分36秒+8分19秒＝□分□秒

(3) 4時間20分−3時間14分＝□時間□分

(4) 6時間30分−2時間18分＝□時間□分

3 こうじさんは家を8時14分に出て，1時間27分後に公園に着きました。**公園に着いた時こくは何時何分ですか。**(4点)

□

4 さやかさんの家から学校まで18分かかります。学校は8時25分に始まります。**さやかさんは，おそくても何時何分に家を出なければいけませんか。**(4点)

□

5 まさよしさんは，午前9時25分から午前10時40分まで勉強をしました。**勉強をしたのは何時間何分ですか。**(5点)

□

6 あかねさんは，午後10時にねて，つぎの日の午前6時に起きました。**ねていたのは何時間ですか。**(5点)

□

1回 20回 40回 60回 80回 100回 120回 GOAL

上級レベル 12 時こくと時間 (2)

勉強した日〔　月　日〕

時間 20分	とく点
合かく 35点	50点

1 つぎの計算をしなさい。(4点×4)

(1)

	時間	分
	2	36
+	1	28

(2)

	分	秒
	17	58
+	25	33

(3)

	時間	分
	4	13
−	1	57

(4)

	分	秒
	32	24
−	24	41

2 つぎの計算をして□にあてはまる数を書きなさい。(4点×4)

(1) 1時間27分＋2時間38分＝□時間□分

(2) 4分21秒＋1分42秒＝□分□秒

(3) 3時間15分−1時間16分＝□時間□分

(4) 6時間24分−2時間38分＝□時間□分

3 あゆみさんは家を8時45分に出て，2時間38分後におじさんの家に着きました。**おじさんの家に着いた時こくは何時何分ですか。**(4点)

□

4 はるきさんの家から学校まで25分かかります。学校は8時15分に始まります。**はるきさんは，おそくても何時何分に家を出なければいけませんか。**(4点)

□

5 ゆみさんは，午後5時45分から午後7時18分まで読書をしました。**読書をしたのは，何時間何分ですか。**(5点)

□

6 たいきさんは，午後9時35分にねて，つぎの日の午前6時10分に起きました。**ねていたのは，何時間何分ですか。**(5点)

□

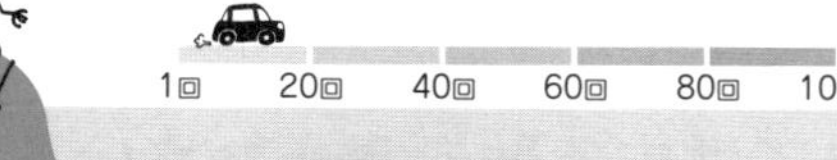

1回 20回 40回 60回 80回 100回 120回 GOAL

勉強した日 [　　月　　日]

13 最上級レベル 1

時間 20分	とく点
合かく 40点	/50点

1 つぎの□にあてはまる数を書きなさい。(2点×4)

(1) 4×3=□×2　(2) 9×□=6×6

(3) 0×4=6×□　(4) □×4=3×8

2 つぎの計算をしなさい。(2点×6)

(1) 90÷3　(2) 0÷5

(3) 39÷3　(4) 400×9

(5) 70×70　(6) 50×200

3 つぎの□にあてはまる数を書きなさい。(2点×4)

(1) 20分=□秒　(2) 150秒=□分□秒

(3) 8分24秒=□秒　(4) 3時間25分=□分

4 つぎの計算をしなさい。(2点×4)

(1)

	時間	分
	2	45
+	3	27

(2)

	分	秒
	23	48
+	16	26

(3)

	時間	分
	15	24
−	8	37

(4)

	分	秒
	52	1
−	36	53

5 1ふくろ6こ入りのクッキーを4ふくろと，1ふくろ8こ入りのクッキーを6ふくろ買いました。クッキーは全部で何こになりますか。(4点)

□

6 あかねさんは，家を7時52分に出て，学校に8時15分に着きました。家から学校に着くまでにかかった時間は何分ですか。(5点)

□

7 80円のノートを60さつ買いました。5000円さつを出したとき，おつりは何円になりますか。(5点)

□

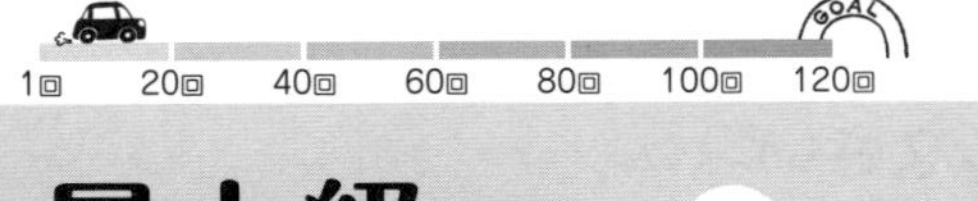

14 最上級レベル ②

勉強した日〔　月　日〕

時間 20分	とく点
合かく 40点	50点

1 つぎの□にあてはまる数を書きなさい。（2点×4）

(1) 56÷7=□×2　(2) 54÷□=2×3

(3) 35÷5=14÷□　(4) 40÷□=8×5

2 つぎの計算をしなさい。（2点×6）

(1) 88÷1　(2) 9÷9

(3) 66÷6　(4) 5×600

(5) 100×100　(6) 4000×50

3 つぎの□にあてはまる数を書きなさい。（2点×4）

(1) 374 秒（びょう）＝□分□秒　(2) 210 秒＝□分□秒

(3) 3 時間 42 分＝□分

(4) 1 時間 30 分＝□秒

4 つぎの計算をして□にあてはまる数を書きなさい。（3点×4）

(1) 3 時間 37 分＋2 時間 16 分＝□時間□分

(2) 2 分 25 秒＋1 分 53 秒＝□分□秒

(3) 4 時間 25 分－2 時間 18 分＝□時間□分

(4) 5 時間 13 分－2 時間 47 分＝□時間□分

5 5000 円さつが 80 まいあります。ここから 24 万円のパソコンを買うと，のこりは何円になりますか。（4点）

□

6 1 こ 90 円のドーナツ 80 こと，ケーキ 40 こを買います。ケーキ 1 このねだんは，ドーナツ 1 このねだんの 2 倍（ばい）より 20 円高いそうです。あわせて何円はらえばよいですか。（6点）

□

1回 20回 40回 60回 80回 100回 120回 GOAL

勉強した日〔　月　日〕

時間 20分	とく点
合かく 40点	/50点

標準レベル 15 あまりのあるわり算 (1)

1 つぎのわり算で，わり切れるものに○，わり切れないものには△をつけなさい。（1点×8）

(1) 32÷4 □　(2) 18÷8 □

(3) 17÷7 □　(4) 24÷4 □

(5) 45÷9 □　(6) 28÷7 □

(7) 40÷5 □　(8) 32÷6 □

2 つぎのわり算が正しいものには○，正しくないものには×をつけなさい。（2点×6）

(1) 38÷5=7 あまり 5 □

(2) 18÷7=2 あまり 4 □

(3) 31÷6=5 あまり 1 □

(4) 20÷5=4 あまり 2 □

(5) 19÷3=5 あまり 4 □

(6) 65÷7=9 あまり 2 □

3 つぎの□にあてはまる数を書きなさい。（5点×2）

(1) 34÷6=5 あまり □

たしかめの計算　6×□+□=34

(2) 26÷□=6 あまり 2

たしかめの計算　□×6+□=26

4 つぎのわり算をしなさい。（2点×8）

(1) 17÷2　(2) 25÷4

(3) 41÷8　(4) 34÷5

(5) 73÷9　(6) 48÷7

(7) 33÷6　(8) 29÷3

5 28まいの色紙を1人に6まいずつ分けます。何人に分けられますか。（4点）

□

上級レベル 16

あまりのあるわり算 (1)

1回 20回 40回 60回 80回 100回 120回

勉強した日〔　月　日〕

時間 20分	とく点
合かく 35点	50点

1 わり切れる計算とわり切れない計算をそれぞれえらんで，記号(きごう)で答えなさい。（3点×2）

ア 12÷8　イ 12÷6　ウ 64÷8

エ 60÷8　オ 54÷9　カ 6÷6

わり切れる

わり切れない

2 つぎのわり算の答えが正しいものには○をつけ，正しくないものには正しい答えを書きなさい。（3点×6）

(1) 16÷6=2 あまり 4

(2) 26÷3=7 あまり 2

(3) 37÷4=8 あまり 5

(4) 34÷8=4 あまり 2

(5) 28÷4=7 あまり 2

(6) 55÷9=6 あまり 1

3 つぎのわり算で，たしかめの式を書きなさい。（3点×2）

(1) 75÷8=9 あまり 3

(2) 41÷7=5 あまり 6

4 つぎのわり算をしなさい。（2点×8）

(1) 35÷4　(2) 58÷8

(3) 43÷7　(4) 62÷9

(5) 19÷8　(6) 20÷6

(7) 78÷9　(8) 85÷8

5 ボールが 58 こあります。このボールを 1 つの箱(はこ)に 6 こずつ入れます。ボールを全部(ぜんぶ)箱に入れるには，箱はいくついりますか。（4点）

標準レベル 17 あまりのあるわり算 (2)

勉強した日〔　月　日〕

時間 20分	とく点
合かく 40点	50点

1 つぎの□にあてはまる数を書きなさい。(3点×6)

(1) □ $=3\times4+1$　　(2) □ $=5\times9+4$

(3) $38=5\times7+$ □　　(4) $58=7\times8+$ □

(5) $75=9\times8+$ □　　(6) $88=9\times9+$ □

2 ケーキが14こあります。**1人に3こずつ分けると，何人に分けられますか。**(5点)

3 58ページの本を，1日に8ページずつ読みます。**読み終わるまでに何日かかりますか。**(5点)

4 花が60本あります。この花を7本ずつたばにして花たばをつくります。**花たばは何たばできて，花は何本あまりますか。**(5点)

5 長さ50 cmのリボンから6 cmずつ切り取ります。**6 cmのリボンは何本取れて，リボンは何cmあまりますか。**(5点)

6 60この荷物を台車を使って運びます。台車には荷物を8こまでのせることができます。**全部の荷物を運ぶには台車を何回使いますか。**(6点)

7 えん筆が6本入っている箱が5箱あります。このえん筆を7人で分けることにしました。**1人分は何本になって，何本あまりますか。**(6点)

1回 20回 40回 60回 80回 100回 120回

上級レベル 18 あまりのあるわり算 (2)

勉強した日〔　月　日〕

時間 20分	とく点
合かく 35点	50点

1 つぎの□にあてはまる数を書きなさい。(3点×6)

(1) 68=9×7+□　(2) 57=6×9+□

(3) 50=□×7+1　(4) 24=□×5−1

(5) 78=□×8+6　(6) 97=□×9+7

2 ボールが 36 こあります。**1 人に 5 こずつ分けると，何人に分けられて，何こあまりますか。**(5点)

3 はばが 48 cm の本だながあります。あつさ 5 cm の図かんを立てていきます。**何さつ立てられますか。**(5点)

4 30 ページある漢字ドリルの練習を，毎日 7 ページずつ，日曜日から始めました。**練習し終わるのは何曜日ですか。また，その日は何ページ練習しますか。**(5点×2)

曜日　ページ

5 1 まいの画用紙から，アのカードは 6 まい，イのカードは 8 まいつくれます。また，右の図のようにすると，アのカード 3 まいとイのカード 4 まいをつくることもできます。**問いに答えなさい。**(4点×3)

ア	

イ			

(1) アのカードを 30 まいつくるには，画用紙は何まいいりますか。

(2) イのカードを 50 まいつくるには，画用紙は何まいいりますか。

(3) アのカード 50 まいとイのカード 60 まいをつくるには，画用紙は何まいいりますか。いちばん少ないまい数を答えなさい。

1回　20回　40回　60回　80回　100回　120回　GOAL

勉強した日〔　月　日〕

時間 20分	とく点
合かく 40点	50点

標準レベル 19 長　さ（1）

1 つぎの□にあてはまる長さのたんいを書きなさい。（2点×4）

(1) 黒板(こくばん)の横(よこ)の長さ　5□

(2) ボールペンの長さ　12□

(3) 算数の教科書のあつさ　6□

(4) マラソンコースの長さ　4□

2 つぎのまきじゃくで，↓の目もりが表(あらわ)す長さを書きなさい。（3点×6）

(1)　(2)　(3)

2m　10　20　30

(4)　(5)　(6)

80　90　8m　10

(1) □　(2) □　(3) □

(4) □　(5) □　(6) □

3 つぎの□にあてはまる数を書きなさい。（3点×4）

(1) 3 km=□m　(2) 5000 m=□km

(3) 8560 m=□km□m

(4) 5 km 410 m=□m

4 下の図は，としきさんの家から学校までの道のりときょりをはかったものです。**図を見て，問(と)いに答えなさい。**（4点×3）

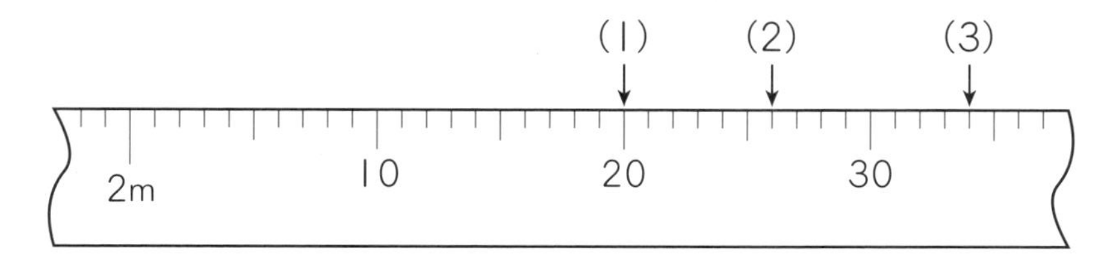

(1) としきさんの家から学校までのきょりは何 m ですか。

□

(2) としきさんの家から学校までの道のりは何 m ですか。

□

(3) 道のりはきょりより何 m 長いですか。

□

1回 20回 40回 60回 80回 100回 120回 GOAL

上級レベル 20

長さ (1)

勉強した日〔　月　日〕

時間 20分	とく点
合かく 35点	50点

1 つぎの□にあてはまる数を書きなさい。（4点×4）

(1) 3 km 200 m=□m

(2) 4600 m=□km□m

(3) 7060 m=□km□m

(4) 8 km 5 m=□m

2 つぎの長さをはかります。㋐, ㋑, ㋒のどれを使いますか。（4点×4）

㋐ 30 cm のものさし
㋑ 1 m のものさし
㋒ 50 m のまきじゃく

(1) つくえの高さ □

(2) プールのたての長さ □

(3) ノートのたての長さ □

(4) 木のまわりの長さ □

3 けんとさんの家の近くの公園は，1しゅうが 800 m あります。**4しゅう歩くと，全部で何 m 歩いたことになりますか。**（4点）

□

4 まみさんの家からゆうびん局までの道のりは 700 m です。ゆうびん局から公園までの道のりは 900 m あります。**まみさんの家からゆうびん局を通って公園まで歩くと，全部で何 km 何 m 歩いたことになりますか。**（4点）

□

5 ひろしさんは，家から図書館まで本を返しに行きます。**下の図を見て，問いに答えなさい。**（5点×2）

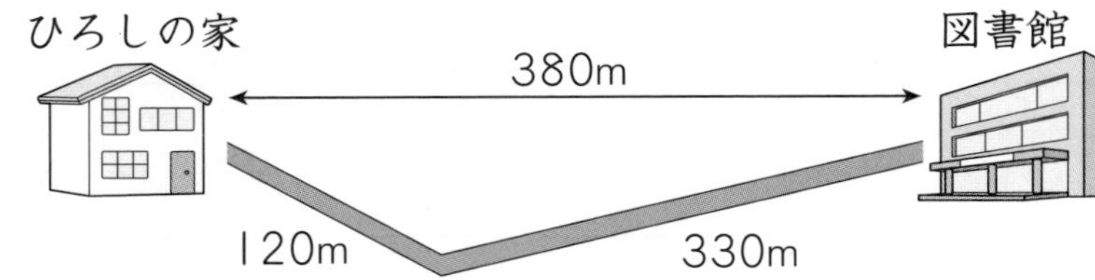

(1) ひろしさんの家から図書館までの道のりは何 m ですか。

□

(2) 道のりときょりでは，どちらのほうがどれだけ長いですか。

□

勉強した日〔　月　日〕

時間 20分 | 合かく 40点 | とく点 ／50点

標準レベル 21 長さ (2)

1 つぎの□にあてはまる数を書きなさい。（3点×4）

(1) 4000 m=□km

(2) 2040 m=□km□m

(3) 5 km 800 m=□m

(4) 10 km 40 m=□m

2 つぎの□にあてはまる数を書きなさい。（4点×4）

(1) 6 km+2 km 700 m=□km□m

(2) 1 km 200 m+3400 m=□km□m

(3) 8 km−1200 m=□m

(4) 4 km 900 m−1 km 500 m=□km□m

3 まりさんの家から学校までの道のりは 1 km 380 m です。家から学校まで，まっすぐにはかった長さは 1 km 30 m でした。**ちがいは何 m ですか。**（5点）

□

4 まさきさんの家から図書館(としょかん)までの道のりは 1 km 70 m です。図書館から公園までの道のりは 900 m あります。**まさきさんの家から図書館を通って公園まで歩くと，全部(ぜんぶ)で何 km 何 m 歩いたことになりますか。**（5点）

□

5 こうじさんの家から学校までの道のりは 1 km 850 m です。家からスーパーまでの道のりは 2 km です。**家からの道のりはどちらのほうが何 m 近いですか。**（6点）

□

6 なおこさんの家から学校までの道のりは 1 km 200 m で，家から公園までの道のりより 380 m 長いそうです。**なおこさんの家から公園までの道のりは何 m ですか。**（6点）

□

上級レベル 22

長　さ (2)

1回 20回 40回 60回 80回 100回 120回 GOAL

勉強した日 [　月　日]

時間 20分	とく点
合かく 35点	50点

1 つぎの計算をしなさい。(4点×4)

(1) 5 km 600 m+2 km 700 m=□km□m

(2) 1 km 850 m+3 km 400 m=□km□m

(3) 8 km 400 m−1 km 500 m=□km□m

(4) 4 km 60 m−2 km 800 m=□km□m

2 つぎの□にあてはまる数を書きなさい。(4点×5)

(1) 500 m×8=□m

(2) 60 m÷3=□m

(3) 5 m×900=□km□m

(4) 800 m×30=□km

(5) 56 km÷8=□m

3 ちえさんの家から学校までの道のりは 800 m です。月曜日から金曜日まで，行きも帰りも歩いて通うと，何 km 歩くことになりますか。(4点)

□

4 ゆうたさんは，家から学校まで行きます。下の図を見て，問(と)いに答えなさい。(5点×2)

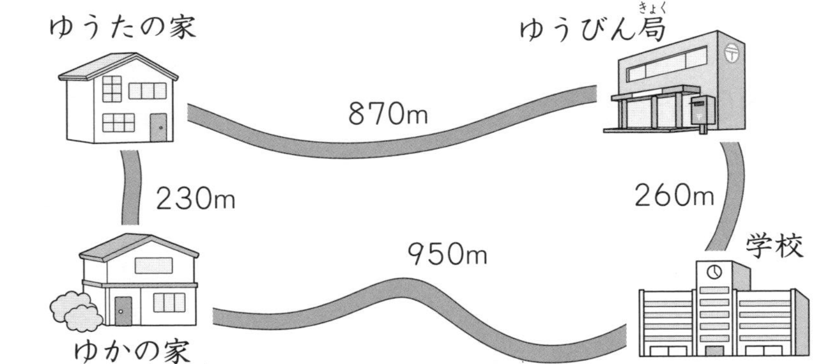

(1) ゆうたさんが，家からゆかさんの家を通って学校まで行く道のりは何 m ですか。

□

(2) ゆかさんの家を通る道のりとゆうびん局を通る道のりでは，どちらのほうが何 m 長いですか。

□

1回 20回 40回 60回 80回 100回 120回

標準レベル 23 水のかさ (1)

勉強した日 [　月　日]

時間 20分	とく点
合かく 40点	50点

1 つぎの□にあてはまる数を書きなさい。(2点×6)

(1) 1 L=□dL　(2) 30 dL=□L

(3) 2 L=□mL　(4) 5000 mL=□L

(5) 8 dL=□mL　(6) 600 mL=□dL

2 つぎの□にあてはまる＞，＜の記号(きごう)を書きなさい。(2点×4)

(1) 8 L□8 dL　(2) 400 mL□6 L

(3) 80 dL□7 L　(4) 2 L 3 dL□2500 mL

3 つぎの□にあてはまる数を書きなさい。(3点×4)

(1) 2 L+30 dL=□L

(2) 2 L 6 dL+1 L 3 dL=□L□dL

(3) 3 L 8 dL−1 L 5 dL=□L□dL

(4) 5 L−2 L 3 dL=□L□dL

4 小さいボトルには，水が3 dL入ります。大きいボトルには，水が9 dL入ります。**あわせて，何L何dLの水が入りますか。**(4点)

□

5 やかんに，水が2 L入っています。そのうち，8 dLを使(つか)いました。**やかんの水は，何L何dLのこっていますか。**(4点)

□

6 1 L入りの紙パックの牛にゅうを買ってきて，そのうち，200 mLを飲(の)みました。**牛にゅうは，何mLのこっていますか。**(5点)

□

7 水とうに入っているお茶をみつるさんが280 mL，おとうさんが370 mL飲んだので，のこりが250 mLになりました。**この水とうに，お茶は何dL入っていましたか。**(5点)

□

1回 20回 40回 60回 80回 100回 120回 GOAL

勉強した日 [　月　日]

上級レベル 24 水のかさ (1)

時間 20分	とく点
合かく 35点	50点

1 つぎの□にあてはまる数を書きなさい。(2点×7)

(1) 20 L=□dL　(2) 180 dL=□L

(3) 3 L=□mL　(4) 35000 mL=□L

(5) 80 dL=□mL　(6) 400 mL=□dL

(7) 685 dL=□L□dL

2 つぎの□にあてはまる＞，＜の記号(きごう)を書きなさい。(2点×4)

(1) 6 L□9 dL　(2) 500 mL□5 L

(3) 80 dL□1 L　(4) 6 L 3 dL□2500 mL

3 つぎの□にあてはまる数を書きなさい。(3点×4)

(1) 42 L+340 dL=□L

(2) 2 L 6 dL+3 L 7 dL=□L□dL

(3) 3 L 1 dL−1 L 8 dL=□L□dL

(4) 5 L 2 dL−2 L 3 dL=□L□dL

4 小さいボトルには，水が 4 dL 入ります。大きいボトルには，水が 8 dL 入ります。**小さいボトル 3 ばいと，大きいボトル 4 はいで，何 L 何 dL の水が入りますか。**(4点)

□

5 やかんに，水が 3 L 入っています。そのうち，1 L 8 dL を使(つか)いました。**やかんの水は，何 L 何 dL のこっていますか。**(4点)

□

6 2000 mL 入りの紙パックの牛にゅうを買ってきて，そのうち，1 L 6 dL を飲(の)みました。**牛にゅうは，何 mL のこっていますか。**(4点)

□

7 2 L 入りのジュースのボトルから，朝は 280 mL，昼は 3 dL，夜は 160 mL 飲みました。**のこりは，何 mL ですか。**(4点)

□

勉強した日 〔　　月　　日〕

時間 20分	とく点
合かく 40点	50点

標準レベル 25 水のかさ (2)

1 **つぎの□にあてはまる，かさのたんいを書きなさい。**（3点×4）

(1) コップに入る水のかさ　2 □

(2) おふろに入る水のかさ　200 □

(3) 紙パックに入る水のかさ　1000 □

(4) バケツに入る水のかさ　5 □

2 **つぎの□にあてはまる数を書きなさい。**（3点×5）

(1) 8 L+47 dL= □ L □ dL

(2) 4500 mL+3 L 7dL= □ L □ dL

(3) 4 dL×8= □ dL

(4) 12 dL÷6= □ dL

(5) 20 mL×40= □ dL

3 350 mL 入っているジュースを少し飲(の)んだので，のこりが 2 dL になりました。**飲んだジュースは何 mL ですか。**（4点）

□

4 まちこさんの水とうには 16 dL のお茶が入ります。2 L のお茶をまちこさんの水とうに，いっぱいになるまで入れます。**お茶は，何 dL のこりますか。**（4点）

□

5 2 L のお茶が入ったペットボトルから，兄は 5 dL，弟は 400 mL 飲みました。**のこっているお茶は何 mL ですか。**（4点）

□

6 水そうに，1 ぱい 200 mL 入るコップで 3 ばい分の水を入れました。**何 dL の水が入りましたか。**（3点）

□

7 4 L のジュースを 8 人で分けました。**1 人分は何 dL ですか。**（4点）

□

8 兄の水とうには，お茶が 1 L 6 dL 入っています。弟の水とうには，兄の半分だけお茶が入っています。**弟の水とうに入っているお茶は何 mL ですか。**（4点）

□

上級レベル 26

水のかさ (2)

勉強した日〔　月　日〕

時間 20分	とく点
合かく 35点	50点

1 **つぎの□にあてはまる数を書きなさい。**（4点×5）

(1) 4 L－20 mL＝□mL

(2) 1 L 7 dL＋3 L 800 mL＝□L□dL

(3) 300 mL×9＝□dL

(4) 80 mL×200＝□L

(5) 60 dL÷3＝□L

2 1本に3 dL入ったジュースが6本と，1本に250 mL入った牛にゅうが2本あります。**全部あわせると，何L何dLになりますか。**（5点）

□

3 同じ大きさのびん3本に，ジュースが入っています。1日に2 dLずつ飲んでいくと，9日間で飲み終わります。**1本のびんに入っているジュースは何dLですか。**（5点）

□

4 1ぱい20 L入るバケツで，水そうに水を入れていきます。**つぎの問いに答えなさい。**（4点×2）

(1) バケツ3ばい分の水を入れると，何L入りますか。

□

(2) バケツ8はい分の水を入れると，10 Lあふれました。水そうには，水が何L入りますか。

□

5 水道のじゃ口から，バケツに水を入れます。バケツには，20 Lの水が入ります。じゃ口からは，水が1分間に4 Lずつ出ます。はじめ，バケツには3 Lの水が入っていました。**つぎの問いに答えなさい。**（4点×3）

(1) 2分間水を入れました。水は全部で何Lになりましたか。

□

(2) 4分間水を入れました。あと何L入りますか。

□

(3) 8分間水を入れると，水があふれてしまいました。何Lあふれましたか。

□

1回 20回 40回 60回 80回 100回 120回 GOAL

27 最上級レベル ③

勉強した日〔　月　日〕

時間 20分	とく点
合かく 40点	50点

1 つぎのわり算をしなさい。（3点×4）

(1) 34÷7　(2) 48÷5

(3) 46÷6　(4) 59÷9

2 つぎの計算をしなさい。（3点×4）

(1) 4 km+3 km 500 m

(2) 2 km 600 m+3400 m

(3) 6 km−3200 m

(4) 7 km 300 m−4 km 500 m

3 つぎの□にあてはまる数を書きなさい。（3点×4）

(1) 2 L=□dL　(2) 70 dL=□L

(3) 4 L=□mL　(4) 6000 mL=□dL

4 下の図を見て，問(と)いに答えなさい。（3点×2）

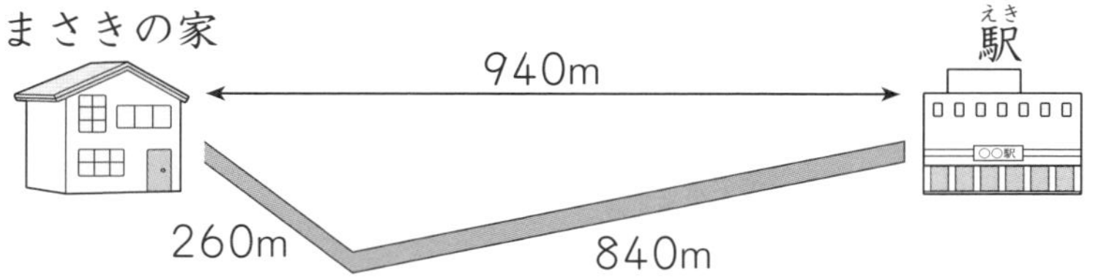

まさきの家
駅(えき)
940m
260m
840m

(1) まさきさんの家から駅までの道のりは何 km 何 m ですか。

(2) 道のりときょりでは，どちらがどれだけ長いですか。

5 34 人の子どもがボートに乗(の)ります。1 そうのボートに 5 人まで乗ることができます。**ボートは何そういりますか。**（4点）

6 やかんに，水が 4 L 5 dL 入っています。そのうち，2 L 8 dL を使(つか)いました。**やかんの水は，何 L 何 dL のこっていますか。**（4点）

1回 20回 40回 60回 80回 100回 120回

28 最上級レベル 4

勉強した日〔　月　日〕

時間 20分	とく点
合かく 40点	50点

1 つぎの計算をしなさい。（3点×4）

(1) 2 km 800 m+3 km 600 m

(2) 3 km 750 m+5 km 400 m

(3) 7 km 200 m−2 km 400 m

(4) 6 km 80 m−2 km 700 m

2 つぎの□にあてはまる数を書きなさい。（4点×4）

(1) 4 L+60 dL=□L　(2) 200 mL×4=□dL

(3) 2 L 7 dL+4 L 6 dL=□L□dL

(4) 4 dL×9=□L□dL

3 2 L 5 dL 入りの紙パックの牛にゅうを買ってきて，そのうち，1800 mL を飲(の)みました。**牛にゅうは，何 mL のこっていますか。**（6点）

□

4 まゆみさんは，家から学校まで歩いて行きます。**公園を通る道のりと図書館(としょかん)を通る道のりでは，どちらが何 m 長いですか。**（5点）

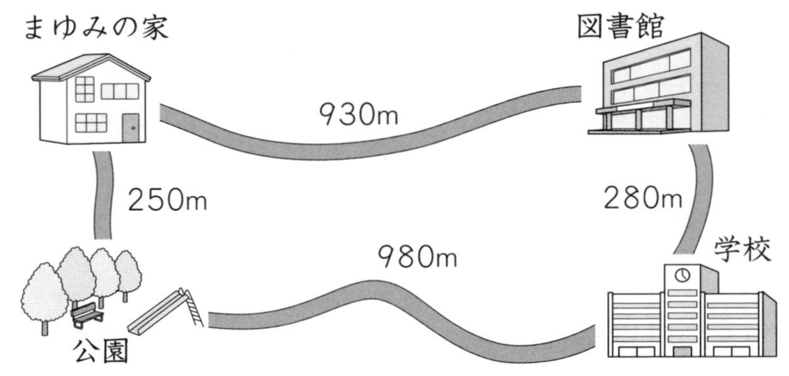

□

5 かべにポスターをはります。1まいのポスターをはるのに画びょうを4こ使(つか)います。**画びょうが 30 こあるとき，何まいのポスターをはることができますか。**（5点）

□

6 水そうに 200 L の水が入っています。この水を 8 L 入るバケツ 20 こにうつしました。のこりの水を 6 L 入るバケツにうつします。**6 L 入るバケツは何こいりますか。**（6点）

□

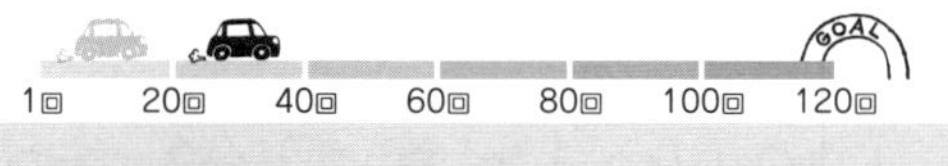

勉強した日 〔　月　日〕

時間 25分	とく点
合かく 40点	50点

標準レベル 29 たし算とひき算 (1)

1 つぎのたし算をしなさい。(2点×8)

(1) $476 + 123$

(2) $302 + 426$

(3) $346 + 237$

(4) $258 + 635$

(5) $279 + 458$

(6) $764 + 149$

(7) $272 + 359$

(8) $625 + 187$

2 つぎのひき算をしなさい。(2点×8)

(1) $645 - 431$

(2) $876 - 540$

(3) $437 - 216$

(4) $643 - 128$

(5) $425 - 148$

(6) $913 - 187$

(7) $608 - 108$

(8) $254 - 167$

3 たかしさんの学校には，男子が187人，女子が168人います。あわせて何人いますか。(4点)

4 あきさんは645円，妹は258円持っています。2人の持っているお金は，あわせて何円ですか。(4点)

5 動物園の今日の入場者数は，きのうより98人多く，452人でした。きのうの入場者数は何人ですか。(5点)

6 やすしさんは，248円のケーキを買いました。500円玉を出したときのおつりは何円ですか。(5点)

上級レベル 30

1回 20回 40回 60回 80回 100回 120回 GOAL

たし算とひき算 (1)

勉強した日〔　月　日〕

時間 25分	とく点
合かく 35点	50点

1 つぎの計算の答えはだいたいいくらですか。**いちばん近いものをえらんで，記号を書きなさい。**（3点×3）

(1) 315+502

ア 350　イ 800　ウ 1200

(2) 908−211

ア 500　イ 600　ウ 700

(3) 798+499

ア 1100　イ 1200　ウ 1300

2 つぎの計算をしなさい。（4点×6）

(1) 729+71+185　(2) 432+293+68

(3) 23+384+257　(4) 363−46−296

(5) 849−449−135　(6) 986−265−147

3 きよしさんは，120円のえん筆と168円のノートと88円の消しゴムを買いました。**代金は何円ですか。**（4点）

4 えいこさんはカードを妹に73まい，弟に55まいあげたので，今，287まい持っています。**えいこさんは，はじめに何まい持っていましたか。**（4点）

5 ひろみさんの家から公園を通って，学校まで行くときの道のりは1km 380mあります。家から公園までの道のりは595mです。**公園から学校までの道のりは何mですか。**（4点）

6 やすしさんは，248円のケーキと128円のプリンを買いました。**1000円さつを出したときのおつりは何円ですか。**（5点）

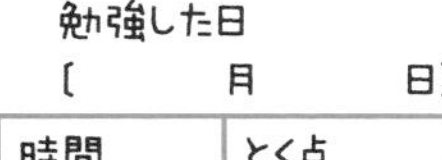

標準レベル 31 たし算とひき算 (2)

時間 25分	とく点
合かく 40点	50点

勉強した日〔　　月　　日〕

1 つぎのたし算をしなさい。（2点×8）

(1) 543+235　　(2) 416+382

(3) 368+274　　(4) 307+496

(5) 682+359　　(6) 847+679

(7) 772+128　　(8) 308+426

2 つぎのひき算をしなさい。（2点×8）

(1) 837−615　　(2) 316−194

(3) 402−274　　(4) 537−389

(5) 452−357　　(6) 473−189

(7) 564−499　　(8) 827−340

3 しんごさんは864円，妹は185円持(も)っています。あわせて何円になりますか。（4点）

4 今日，まさみさんは本を146ページ読みました。まだ，115ページのこっています。この本は全部(ぜんぶ)で何ページですか。（4点）

5 みゆさんはおはじきを350こ持っています。妹に185こあげると何このこりますか。（5点）

6 りゅうさんはカードを348まい持っています。弟は149まい持っています。ちがいは何まいですか。（5点）

上級レベル 32

たし算とひき算 (2)

勉強した日 〔　月　日〕

時間 25分	とく点
合かく 35点	50点

1 つぎの□にあてはまる数を書きなさい。(3点×4)

(1)
```
   5 □ 3
+  2 3 □
---------
   □ 5 8
```

(2)
```
   6 □ 5
+  □ 4 2
---------
   7 6 □
```

(3)
```
   2 6 □
+  □ □ 5
---------
   8 4 1
```

(4)
```
   2 □ 7
+  5 9 □
---------
   □ 0 3
```

2 つぎの□にあてはまる数を書きなさい。(3点×4)

(1)
```
   □ 5 □
-  2 1 4
---------
   1 □ 3
```

(2)
```
   □ 8 6
-  1 □ 4
---------
   4 6 □
```

(3)
```
   7 □ 3
-  □ 8 6
---------
   4 1 □
```

(4)
```
   6 7 □
-  □ 9 4
---------
   3 □ 7
```

3 つぎの□にあてはまる数を書きなさい。(4点×2)

(1) □+728=992

(2) 421−□=167

4 ともきさんは1000円を持って買い物に行きました。**680円のシャツと988円のセーターを買うには，何円たりませんか。**(6点)

□

5 ちなつさんの家から学校までの道のりは612 mです。あきえさんの家から学校までの道のりは1 km 198 mです。**2人のうち，どちらのほうが，何m学校から遠いですか。**(6点)

□

6 去年の全校じどうの数は795人でした。今年は，男子が23人ふえて，女子が何人かへったので，全校じどうの数が812人になりました。**女子は去年より何人へりましたか。**(6点)

□

標準レベル 33

大きな数 (1)

勉強した日〔　　月　　日〕

時間 20分	とく点
合かく 40点	/50点

1 つぎの□にあてはまる数を書きなさい。（3点×4）

(1) 一万を7こ，百を6こ，十を3こあわせた数は，□です。

(2) 十万を8こ，千を5こ，十を1こあわせた数は，□です。

(3) 820000は，1000を□こ集めた数です。

(4) 100万を10こ集めた数は，□です。

2 つぎの数について，下の問いに答えなさい。（3点×4）

82047000

(1) 8は，何の位ですか。□

(2) 4は，何の位ですか。□

(3) この数字は，1000を何こ集めたものですか。□

(4) この数字を，漢字で書きなさい。□

3 つぎの□にあてはまる数を書きなさい。（4点×2）

(1) 800万　□　900万　950万

(2) 390万　□　395万

4 つぎの□にあてはまる＞，＜の記号を書きなさい。（3点×2）

(1) 50000 □ 300000

(2) 6240983 □ 6241083

5 つぎの□にあてはまる数を書きなさい。（3点×4）

(1) 500を10倍した数は□，10でわった数は□です。

(2) 3200を100倍した数は□，100でわった数は□です。

上級レベル 34

大きな数 (1)

勉強した日〔　月　日〕

時間 20分	とく点
合かく 35点	50点

1 つぎの数を数字で書きなさい。（3点×3）

(1) 三百四十五万八千二百

(2) 六千七百二十三万

(3) 九百四万六百二

2 つぎの数を漢字(かんじ)で書きなさい。（4点×3）

(1) 1179625

(2) 4038210

(3) 60020460

3 つぎの□にあてはまる数を書きなさい。（4点×2）

(1) 8900万　□　9000万　9050万

(2) 9800万　□　9850万

4 つぎの□にあてはまる＝，＞，＜の記号(きごう)を書きなさい。（3点×3）

(1) 50000+2000 □ 70000

(2) 6000 □ 10000−4000

(3) 1200万 □ 900万+400万

5 つぎの計算をしなさい。（3点×4）

(1) 700×100

(2) 9500÷10

(3) 470×1000

(4) 704000÷100

1回 20回 40回 60回 80回 100回 120回 GOAL

標準レベル 35 大きな数 (2)

勉強した日	〔　　月　　日〕
時間 20分	とく点
合かく 40点	50点

1 つぎの筆算(ひっさん)をしなさい。(3点×8)

(1)
$$\begin{array}{r} 1523 \\ +2135 \\ \hline \end{array}$$

(2)
$$\begin{array}{r} 2456 \\ +1372 \\ \hline \end{array}$$

(3)
$$\begin{array}{r} 7368 \\ +1874 \\ \hline \end{array}$$

(4)
$$\begin{array}{r} 35785 \\ +\ \ 9426 \\ \hline \end{array}$$

(5)
$$\begin{array}{r} 6452 \\ -3122 \\ \hline \end{array}$$

(6)
$$\begin{array}{r} 7584 \\ -6321 \\ \hline \end{array}$$

(7)
$$\begin{array}{r} 8200 \\ -3596 \\ \hline \end{array}$$

(8)
$$\begin{array}{r} 24706 \\ -\ \ 6894 \\ \hline \end{array}$$

2 つぎの計算をしなさい。(3点×4)

(1) 610万＋3700万

(2) 4000万－2060万

(3) 300万×8

(4) 4500万÷9

3 1けんの家が4600万円で売られていました。お店の人と話をして，800万円安(やす)くしてもらいました。**何円で買うことができますか。**(3点)

4 1台300万円で車が売られています。**この車5台のねだんは何円ですか。**(3点)

5 ひろしさんの家からおじさんの家までの道のりは，8426mあります。今，家から2500mのところにある公園で，休けいをしています。**おじさんの家までの道のりは，あと何mありますか。**(4点)

6 北町の人口は3849人です。南町の人口は4186人です。**2つの町の人口をあわせると何人になりますか。**(4点)

上級レベル 36

1回 20回 40回 60回 80回 100回 120回

大きな数 (2)

勉強した日〔　月　日〕

時間 20分	とく点
合かく 35点	/50点

1 つぎの□にあてはまる数を書きなさい。(4点×4)

(1) 5608+□=9472

(2) □+19725=63804

(3) □−2487=3841

(4) 35965−□=18964

2 つぎの□にあてはまる数を書きなさい。(4点×4)

(1)
```
   3 □ 2 □
+ □ 1 □ 8
   5 6 7 5
```

(2)
```
     5 0 □ 6
+ 3 □ □ 9 □
  3 6 3 8 0
```

(3)
```
   □ 0 □ □
−  2 □ 4 6
   4 1 5 7
```

(4)
```
  □ 2 □ 3 □
−   7 9 □ 8
  5 4 1 8 4
```

3 3219にある数をたしたら8214になりました。**ある数はいくつですか。**(4点)

□

4 ある小学校で6年生のじどう100人分のしゅう学旅行代(りょこうだい)金(きん)を集めたら，400万円になりました。**1人分の代金は何円ですか。**(4点)

□

5 [1], [3], [5], [7] の4まいのカードをすべて使(つか)って，4けたの数字をつくります。**つぎの問(と)いに答えなさい。**(5点×2)

(1) いちばん大きい数と，いちばん小さい数をたすと，いくつになりますか。

□

(2) いちばん大きい数から，いちばん小さい数をひくと，いくつになりますか。

□

勉強した日 〔　　月　　日〕

標準レベル 37

かけ算の筆算 (1)

時間 20分	とく点
合かく 40点	／50点

1 つぎの□にあてはまる数を書きなさい。(2点×3)

(1) 　34
× 　2
□□

(2) 　71
× 　4
□□□

(3) 　49
× 　3
□□□

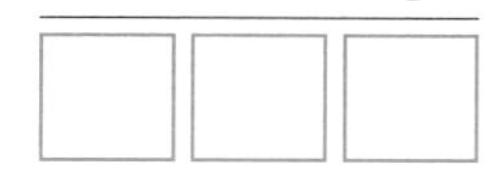

2 つぎの筆算(ひっさん)をしなさい。(2点×6)

(1) 23 × 2
(2) 92 × 3
(3) 25 × 3
(4) 39 × 3
(5) 86 × 4
(6) 69 × 5

3 つぎの□にあてはまる数を書きなさい。(2点×3)

(1) 　213
× 　　3
□□□

(2) 　359
× 　　4
□□□□

(3) 　608
× 　　3
□□□□

4 つぎの筆算をしなさい。(3点×3)

(1) 421 × 3
(2) 182 × 4
(3) 708 × 4

5 つぎの□にあてはまる数を書きなさい。(2点×2)

(1) 　13
× 32
□□
□□
□□□

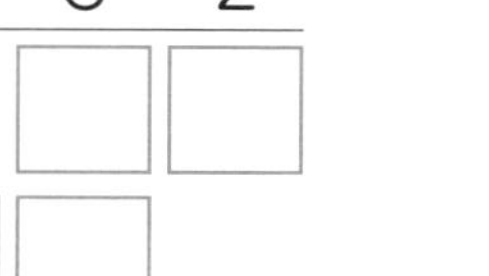

(2) 　47
× 35
□□□
□□□
□□□□

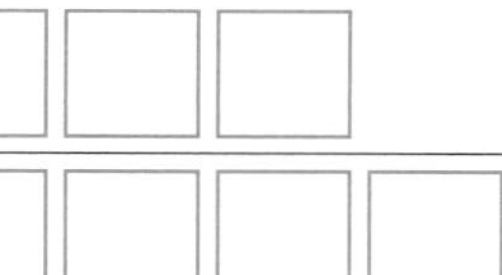

6 つぎの筆算をしなさい。(3点×3)

(1) 23 × 43
(2) 38 × 24
(3) 49 × 73

7 1つ64円のりんごを7こ買うと，代金(だいきん)は何円ですか。(4点)

□

1回 20回 40回 60回 80回 100回 120回 GOAL

上級レベル 38

かけ算の筆算 (1)

勉強した日 [月 日]

時間 20分	とく点
合かく 35点	50点

1 つぎの筆算(ひっさん)をしなさい。(2点×6)

(1) 42×6

(2) 38×4

(3) 56×5

(4) 152×3

(5) 527×6

(6) 288×5

2 つぎの筆算をしなさい。(3点×6)

(1) 53×27

(2) 86×14

(3) 54×38

(4) 74×43

(5) 56×25

(6) 89×76

3 つぎの□にあてはまる数を書きなさい。(5点×2)

(1)

```
     1 □
 ×  □  3
 --------
     3  6
  2  4
 --------
  2  7  6
```

(2)

```
        □  8
 ×   4  □
 -----------
     3  4  8
  2  3  2
 -----------
  2  6  6  8
```

4 762 mL入りのびん6本にしょうゆが入っています。しょうゆは全部(ぜんぶ)で何 mL ありますか。(5点)

5 画用紙を1人36まいずつ，28人の子どもに配(くば)ります。画用紙は何まいいりますか。(5点)

標準レベル 39

かけ算の筆算 (2)

1回 20回 40回 60回 80回 100回 120回 GOAL

勉強した日〔　月　日〕

時間 20分	とく点
合かく 40点	/50点

1 つぎの□にあてはまる数を書きなさい。(2点×2)

(1)
```
      6 0
   ×  5 9
   --------
     □□□
   □□□
   --------
   □□□□
```

(2)
```
    3 5 2
 ×    2 4
 ---------
  □□□□
  □□□
 ---------
  □□□□
```

2 つぎの筆算をしなさい。(3点×9)

(1) 730×4　(2) 503×3　(3) 408×5

(4) 90×19　(5) 77×52　(6) 35×44

(7) 132×12　(8) 261×35　(9) 407×64

3 つぎの計算の答えはだいたいいくらですか。**いちばん近いものをえらんで，記号を書きなさい。**(2点×2)

(1) 198×4

ア 400　イ 600　ウ 800

(2) 39×62

ア 240　イ 2400　ウ 24000

4 新かん線のぞみ号は，1両の長さが25 mの車両が16両つながっています。**全体の長さは何 m ですか。**(5点)

5 1本285円のジュースを7本買い，2000円はらいました。**おつりは何円ですか。**(5点)

6 23人の子どもに1人75 cmずつリボンを配ります。**リボンは何 m 何 cm あればよいですか。**(5点)

上級レベル 40

かけ算の筆算 (2)

勉強した日 [　月　日]

時間 20分	とく点
合かく 35点	/50点

1 つぎの筆算をしなさい。(3点×9)

(1) 825×8　(2) 707×9　(3) 502×4

(4) 70×28　(5) 99×99　(6) 999×99

(7) 795×46　(8) 702×87　(9) 503×23

2 つぎのかけ算をしなさい。(3点×2)

(1) 84×60　(2) 26×307

3 つぎの□にあてはまる数を書きなさい。(4点×2)

(1)

		□	8
	×	3	□
	2	4	□
1	□	4	
1	6	8	0

(2)

		6	□
	×	□	2
	1	□	6
2	□	2	
2	6	4	6

4

学校の全員で遠足に行きました。1台28人乗りのバス21台に分かれて乗りましたが，そのうち1台だけは24人しか乗っていません。**全員で何人いますか。**(4点)

5

まさきさんのクラスは男子が15人，女子が17人です。電車に乗って社会科見学に行きます。電車代は1人160円です。**全員の電車代は何円ですか。**(5点)

勉強した日 〔　　月　　日〕

時間 20分	とく点
合かく 40点	50点

41 最上級レベル 5

1 つぎの計算をしなさい。(2点×6)

(1) 573+326　　(2) 405+327

(3) 346−237　　(4) 652−435

(5) 2721+3259　　(6) 6025−1867

2 つぎの計算をしなさい。(2点×4)

(1) 430万+2700万　　(2) 5000万−3160万

(3) 400万×7　　(4) 800万÷4

3 つぎの筆算をしなさい。(3点×3)

(1) 714 × 9　　(2) 29 × 53　　(3) 75 × 36

4 つぎの数を数字で書きなさい。(2点×2)

(1) 四百二十五万六千三十　　(2) 六十万七百二

5 つぎの□にあてはまる数を書きなさい。(4点×2)

(1)
```
  □ 6 4 □ 7
+   8 □ 0 □
-----------
  4 □ 8 9 8
```

(2)
```
      5 □
  ×   □ 4
  -------
    2 □ 2
  1 □ 4
  -------
  1 9 7 2
```

6 5000円さつが60まいあります。ここから21万円のれいぞう庫を買うと，のこりは何円になりますか。(5点)

7 みかんが2こで64円で売っています。48こ買うと，代金は何円になりますか。(4点)

42 最上級レベル 6

1回 20回 40回 60回 80回 100回 120回

勉強した日〔　月　日〕

時間 20分	とく点
合かく 40点	50点

1 つぎの計算をしなさい。（2点×4）

(1) 746+128+72　　(2) 384−257−39

(3) 700万×8　　(4) 7200万÷8

2 つぎの□にあてはまる数を書きなさい。（4点×2）

(1) 3271+□+1504=9387

(2) □−1709−3065=2731

3 つぎの筆算をしなさい。（4点×3）

(1) 428 × 36　　(2) 590 × 73　　(3) 902 × 34

4 つぎの数を漢字で書きなさい。（3点×2）

(1) 31094207

(2) 40600350

5 ひさしさんの家からおばあさんの家までの道のりは，7420 m あります。今，家から 3500 m のところにある公園で，休けいをしています。**おばあさんの家までの道のりは，あと何 m ありますか。**（5点）

6 [2]，[3]，[6]，[7]の4まいのカードをすべて使って，4けたの数字をつくります。**いちばん大きい数から，いちばん小さい数をひくと，いくつになりますか。**（5点）

7 学校で1人775円の遠足代を76人から集めました。バス代4万円と1人150円の公園の入園りょう76人分をはらい，のこったお金で遠足のしおりをつくりました。**遠足のしおりをつくるのに何円かかりましたか。**（6点）

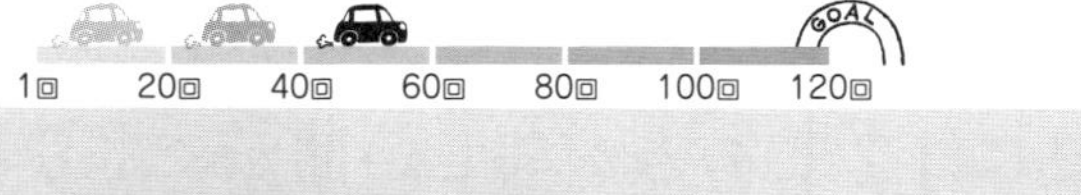

標準レベル

43 三　角　形 (1)

勉強した日〔　月　日〕

時間 20分	とく点
合かく 40点	50点

1 つぎの三角形の名まえを答えなさい。(5点×3)

(1) 辺の長さが5 cm，8 cm，5 cm の三角形

(2) 辺の長さがどれも6 cm の三角形

(3) 3つの角の大きさが等しい三角形

2 つぎのようなまっすぐなはり金で形をつくると，どんな形ができますか。(5点×4)

(1) 8 cm が3本

(2) 6 cm が2本，9 cm が2本で，かどは4つとも直角

(3) 3 cm が1本，4cm が2本

(4) 5 cm が4本で，かどは4つとも直角

3 つぎの図のように三角じょうぎを2まいならべました。それぞれどんな形になっていますか。(5点×2)

(1)

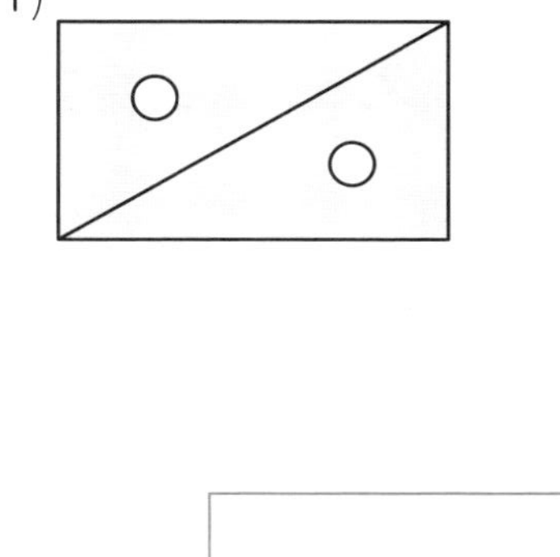

(2)

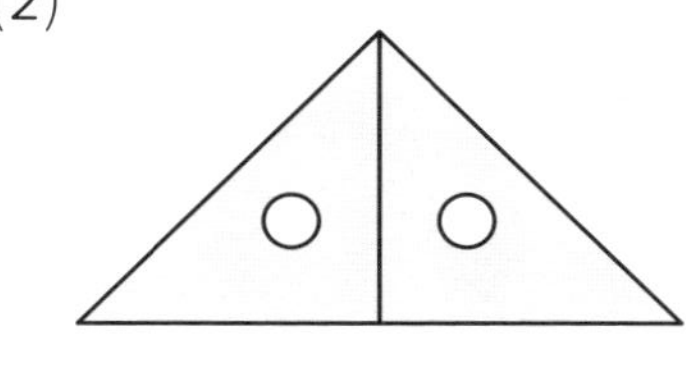

4 3つの辺の長さがどれも6 cm の正三角形を，コンパスを使ってかきなさい。(5点)

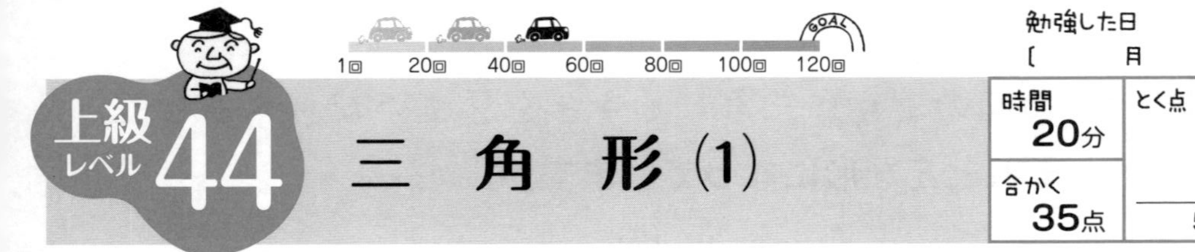

上級 レベル 44

三 角 形 (1)

勉強した日 〔　月　日〕

時間 20分	とく点
合かく 35点	50点

1 下の図で，二等辺三角形(にとうへんさんかくけい)と正三角形(せいさんかくけい)をえらび，記号(きごう)で答えなさい。（5点×2）

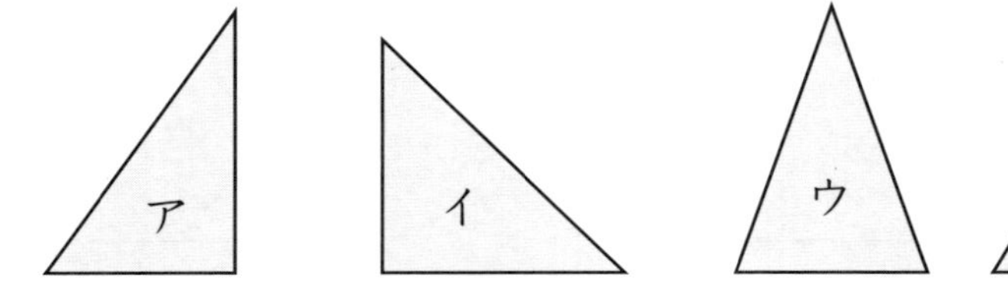

二等辺三角形 [　　]　正三角形 [　　]

2 つぎの文が正しければ◯，まちがっていれば×を書きなさい。（5点×4）

(1) 2つの辺の長さが等(ひと)しい三角形を，二等辺三角形といいます。 [　]

(2) 直角のある二等辺三角形を，直角二等辺三角形といいます。 [　]

(3) 2つの角の大きさが等しい三角形を，正三角形といいます。 [　]

(4) 二等辺三角形の形をした紙を2つにおってぴったり重(かさ)ねると，直角三角形の形になります。 [　]

3 円のまわりに12この点が等しい間かくでならんでいます。つぎの図のように3つの点をむすぶと，それぞれどんな形ができますか。（5点×2）

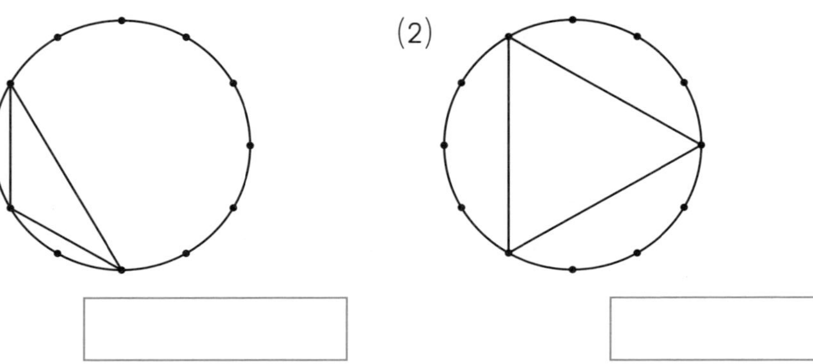

(1) [　　]　(2) [　　]

4 辺の長さが3 cm，3 cm，4 cmの二等辺三角形を，コンパスを使(つか)ってかきなさい。（5点）

5 辺の長さが3 cm，4 cm，5 cmの三角形を，コンパスを使ってかきなさい。（5点）

標準レベル 45

三　角　形 (2)

勉強した日〔　　月　　日〕

時間 20分	とく点
合かく 40点	50点

1 つぎの三角形を，コンパスを使ってかきなさい。（10点×3）

(1) 1辺の長さが3 cmの正三角形

(2) 2つの辺の長さが4 cmで，
1つの辺の長さが5 cmの
二等辺三角形

(3) 2つの辺の長さが6 cmで，
1つの辺の長さが4 cmの
二等辺三角形

2 つぎの二等辺三角形と正三角形について，下の問いに記号で答えなさい。（5点×2）

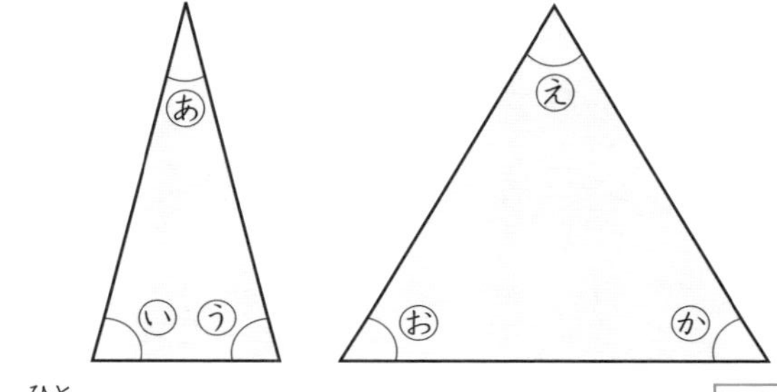

(1) いの角と等しい角はどれですか。

(2) かの角と等しい角はどれですか。

3 つぎの二等辺三角形と正三角形について，下の問いに答えなさい。（5点×2）

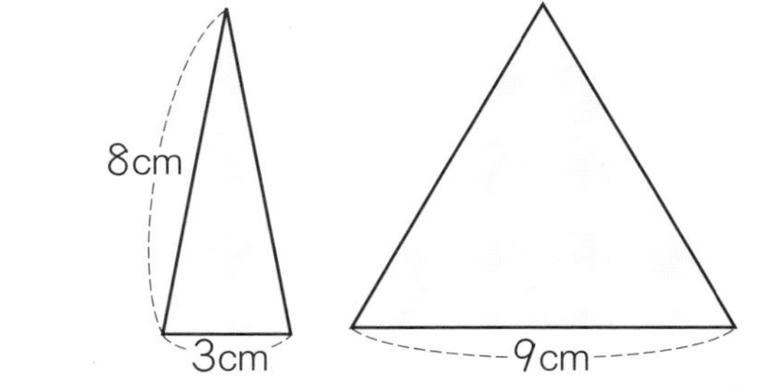

(1) 二等辺三角形のまわりの長さは，何 cmですか。

(2) 正三角形のまわりの長さは，何 cmですか。

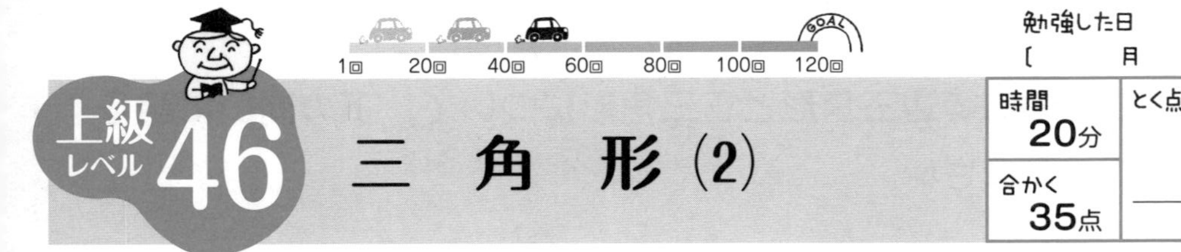

三　角　形 (2)

勉強した日〔　　月　　日〕

時間 20分	とく点
合かく 35点	50点

1 つぎの問いに答えなさい。（5点×3）

(1) 1辺が 8 cm の正三角形のまわりの長さは何 cm ですか。

(2) 1辺が 3 cm の正方形のまわりの長さは何 cm ですか。

(3) たてが 7 cm，横が 14 cm の長方形のまわりの長さは何 cm ですか。

2 つぎの問いに答えなさい。（5点×3）

(1) まわりの長さが 24 cm の正三角形の 1 つの辺の長さは何 cm ですか。

(2) まわりの長さが 32 cm の正方形の 1 つの辺の長さは何 cm ですか。

(3) たての長さが 12 cm，まわりの長さが 36 cm の長方形の横の長さは何 cm ですか。

3 つぎの図のように，長方形の紙を 2 つにおって，直線にそって切り取ります。**これを広げてできる三角形の名まえを書きなさい。**（5点×2）

(1)

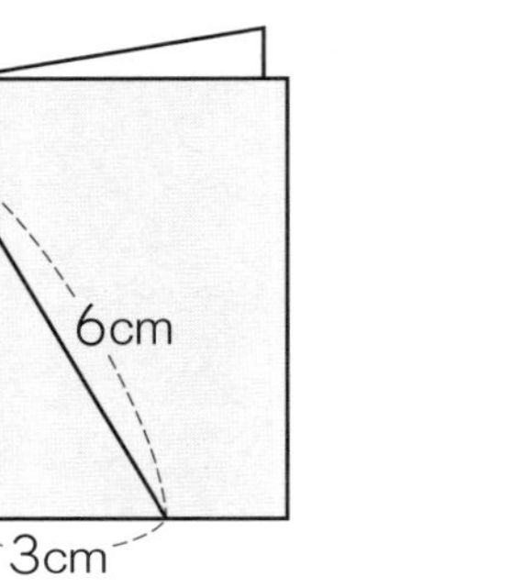

(2)

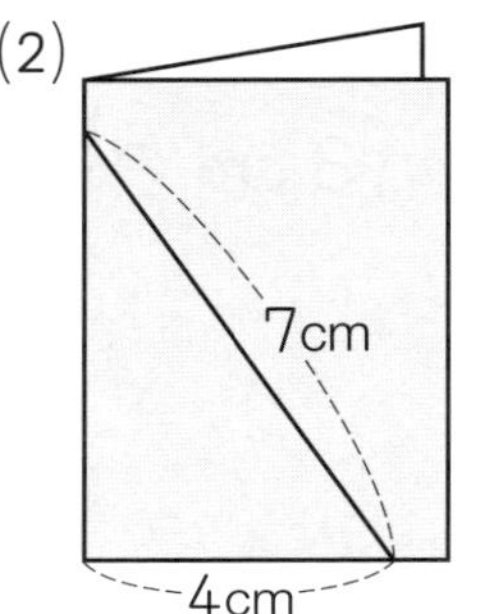

4 右の図について，下の問いに答えなさい。（5点×2）

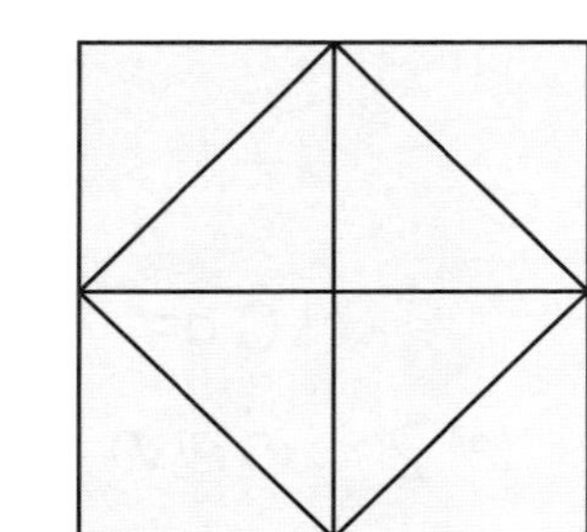

(1) 正方形は全部で何こありますか。

(2) 直角三角形は全部で何こありますか。

標準レベル 47 重さ (1)

勉強した日〔　　月　　日〕

時間 20分	とく点
合かく 40点	50点

1 つぎのはかりの目もりをよみなさい。（3点×3）

(1)　(2)　(3)

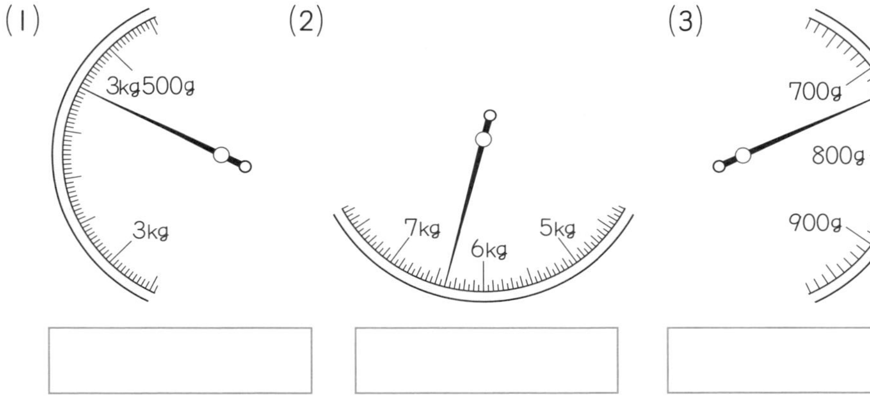

2 つぎの□にあてはまる数を書きなさい。（3点×4）

(1) 4 kg＝□ g　(2) 2 kg 500 g＝□ g

(3) 7010 g＝□ kg □ g

(4) 6000 kg＝□ t

3 つぎの□にあてはまる重さのたんいを書きなさい。（3点×3）

(1) 自転車１台の重さ　12□

(2) 算数の教科書の重さ　150□

(3) トラック１台の重さ　8□

4 重さ300 g の箱に，850 g の荷物を入れて送ります。全体の重さは何 g ですか。（5点）

5 重さが2 kg のすいかと300 g のりんごがあります。つぎの問いに答えなさい。（5点×2）

(1) すいかとりんごをあわせた重さは，何 kg 何 g ですか。

(2) すいかとりんごの重さのちがいは，何 kg 何 g ですか。

6 みきさんの体重は27 kg です。犬をだいてはかったら，33 kg になりました。犬の体重は何 kg ですか。（5点）

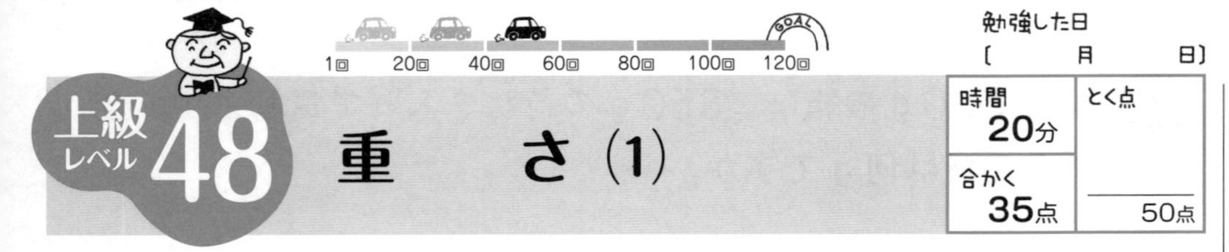

上級レベル 48 重さ (1)

勉強した日〔　月　日〕

時間 20分	とく点
合かく 35点	50点

1 つぎのはかりの目もりをよみなさい。(4点×3)

(1)　(2)　(3)

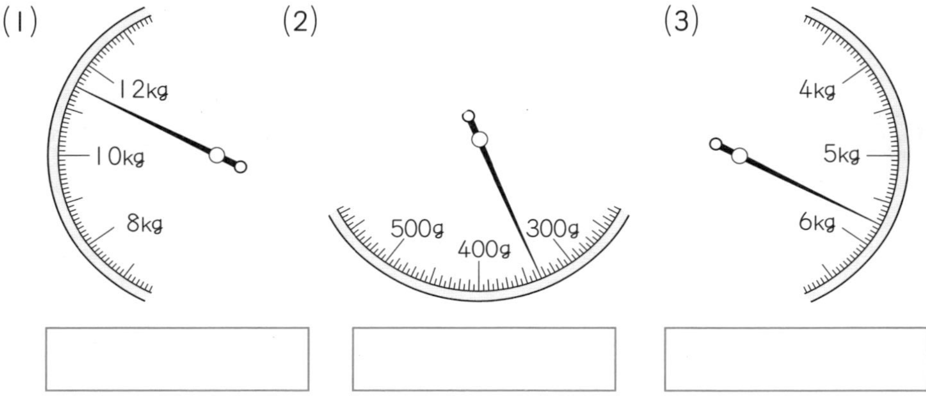

2 つぎの□にあてはまる数を書きなさい。(4点×5)

(1) 2 kg+3000 g=□kg

(2) 6 kg 300 g+1 kg 800 g=□kg□g

(3) 5 kg 200 g−3 kg 700 g=□kg□g

(4) 200 kg+900 kg=□t□kg

(5) 4 t 800 kg−550 kg=□t□kg

3 きよしさんが4月に体重(たいじゅう)をはかったときは，26 kgでした。その年の10月に体重をはかると，7 kgふえていました。**10月の体重は何kgですか。**(4点)

4 7さつの本の重(おも)さをはかったら，3 kg 800 gありました。**この7さつの本を400 gの箱(はこ)に入れると，全部(ぜんぶ)で何kg何gですか。**(4点)

5 肉が2 kg 500 gありました。夕食に800 g使(つか)いました。**肉は何kg何gのこっていますか。**(5点)

6 まほさんの体重は24 kg 300 gです。弟の体重は17 kgです。**2人の体重のちがいは何kg何gですか。**(5点)

勉強した日〔　月　日〕

時間 20分	とく点
合かく 40点	50点

標準レベル 49 重さ (2)

1 つぎの□にあてはまる数を書きなさい。(3点×4)

(1) 4 kg 800 g=□ g

(2) 20 kg=□ g

(3) 1400 kg=□ t □ kg

(4) 8100 g=□ kg □ g

2 つぎの□にあてはまる数を書きなさい。(3点×5)

(1) 2 kg 400 g+6300 g=□ kg □ g

(2) 6 kg −3200 g=□ kg □ g

(3) 3 t 400 kg −1 t 600 kg=□ t □ kg

(4) 300 kg×3=□ kg

(5) 80 g÷4=□ g

3 つぎの□にあてはまるたんいを書きなさい。(2点×4)

(1) 1 m を 1000 こ集(あつ)めた長さは 1 □ で，1g を 1000 こ集めた重(おも)さは 1 □ です。

(2) 1 mL を 1000 こ集めたかさは 1 □ で，1 □ を 1000 こ集めた長さは 1 m です。

4 150 g のお皿(さら)にケーキをのせて重さをはかったら，1 kg ありました。**ケーキの重さは何 g ですか。**(5点)

□

5 5 kg の米が 3 ふくろと，10 kg の米が 2 ふくろあります。**あわせて何 kg ですか。**(5点)

□

6 肉 6 kg 900 g を，3 人で同じ重さに分けました。**1 人分は，何 g になりますか。**(5点)

□

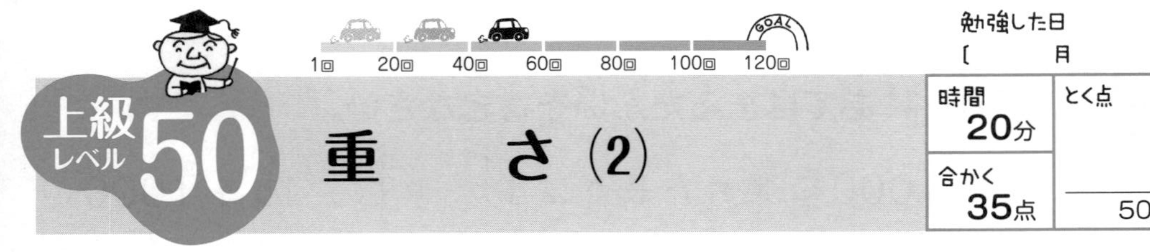

上級レベル 50

重さ (2)

勉強した日〔　月　日〕

時間 20分	とく点
合かく 35点	50点

1 つぎの□にあてはまる数を書きなさい。（3点×4）

(1) 5 kg 700 g+1 kg 600 g=□kg□g

(2) 3 kg 500 g+6800 g=□g

(3) 4 t 100 kg −1200 kg=□t□kg

(4) 7 kg 200 g −4 kg 50 g=□g

2 つぎの□にあてはまる数を書きなさい。（3点×4）

(1) 600 g×9=□kg□g

(2) 800 kg×30=□t

(3) 2 kg 400 g÷8=□g

(4) 56 kg÷7=□g

3 つぎの□にあてはまる数を書きなさい。（2点×5）

(1) 1 g の□倍(ばい)の重(おも)さは 1 kg です。

(2) 1 mm の□倍の長さは 1 cm で，1 cm の□倍の長さは 1 m です。

(3) 1 mL の□倍のかさは 1 dL で，1 dL の□倍のかさは 1 L です。

4 3 kg 50 g のすなから 1 kg 200 g 取(と)りました。**のこったすなは何 kg 何 g ですか。**（5点）

□

5 くみさんは，800 g のすいかを 4 つ買って，300 g の箱(はこ)に入れてもらいました。**あわせて何 kg 何 g になりましたか。**（5点）

□

6 1 kg 350 g のランドセルに，同じ重さの本を 4 さつ入れて重さをはかると 2 kg 150 g でした。**本 1 さつの重さは何 g ですか。**（6点）

□

1回 20回 40回 60回 80回 100回 120回 GOAL

勉強した日 〔 月 日〕

時間 20分	とく点
合かく 40点	50点

標準レベル 51 かけ算の筆算 (3)

1 つぎの□にあてはまる数を書きなさい。(3点×2)

(1)
```
  2 3 0 9
×       4
──────────
  □ □ □ □
```

(2)
```
  3 5 □ 1
×       7
──────────
  □ □ □ 4 7
```

2 つぎの筆算(ひっさん)をしなさい。(3点×3)

(1) 1852 × 6　(2) 2787 × 5　(3) 7069 × 4

3 つぎの□にあてはまる数を書きなさい。(3点×2)

(1)
```
      1 9 7
×     4 6 3
────────────
      □ □ □
  □ □ □ □
□ □ □
────────────
□ □ □ □ □
```

(2)
```
        5 3 8
×       3 4 2
──────────────
      □ □ □ □
    □ □ □ □
□ □ □ □
──────────────
□ □ □ □ □ □
```

4 つぎの筆算をしなさい。(3点×6)

(1) 82 × 31　(2) 940 × 25　(3) 503 × 48

(4) 175 × 263　(5) 390 × 418　(6) 604 × 923

5 1256人まで入れるホールで，げきをしています。お客(きゃく)が5回いっぱいになると，お客は全部(ぜんぶ)で何人ですか。(5点)

□

6 1本128円のボールペンを1ダース買います。5000円さつを1まい出すと，おつりは何円になりますか。(6点)

□

上級レベル 52

かけ算の筆算 (3)

1回 20回 40回 60回 80回 100回 120回 GOAL

勉強した日〔　月　日〕

時間 20分	とく点
合かく 35点	50点

1 つぎの筆算(ひっさん)をしなさい。(3点×6)

(1) 2147 × 6　(2) 4675 × 4　(3) 5291 × 7

(4) 6438 × 3　(5) 3082 × 9　(6) 8003 × 5

2 つぎの筆算をしなさい。(3点×6)

(1) 478 × 312　(2) 542 × 431　(3) 272 × 195

(4) 614 × 273　(5) 302 × 574　(6) 903 × 705

3 つぎの□にあてはまる数を書きなさい。(3点×2)

(1)
```
    □ 1 □
 ×    □ 9
 ---------
  3 □ 5 3
□ 0 8 5
 ---------
2 4 6 0 3
```

(2)
```
    □ □ 2
 ×    7 □
 ---------
  2 4 0 8
4 □ 1 □
 ---------
4 4 5 4 8
```

4 たろうさんの学校全員(ぜんいん)の人数は642人です。1人に1さつずつ本を配(くば)ります。本1さつのねだんは324円です。本の代金(だいきん)は，全部(ぜんぶ)でいくらになりますか。(4点)

□

5 みゆきさんは朝240 mL，夕方180 mLの牛にゅうを毎日飲(の)んでいます。365日では，何L何mL飲みますか。(4点)

1回 20回 40回 60回 80回 100回 120回 GOAL

勉強した日 〔　月　日〕

標準レベル 53 かけ算の筆算 (4)

時間 20分	とく点
合かく 40点	50点

1 つぎの□にあてはまる数を書きなさい。(2点×2)

(1) 12×30
=12×3×10
=□×10
=□

(2) 370×40
=37×10×4×□
=37×4×□
=□

2 つぎの計算をしなさい。(3点×6)

(1) 23×30　(2) 700×4

(3) 6200×8　(4) 440×20

(5) 80×300　(6) 340×270

3 つぎの□にあてはまる数を書きなさい。(2点×3)

(1) 5×43×2
=43×□
=□

(2) 8×51×5
=51×□
=□

(3) 25×9×4
=9×□
=□

4 つぎの計算をしなさい。(3点×4)

(1) 63×2×5　(2) 5×4×29

(3) 8×17×5　(4) 4×57×25

5 20人でバスをかりると，1人分のバス代(だい)が3650円になりました。バスをかりるのに何円かかりましたか。(5点)

□

6 子ども会30人で遠足に行きます。べんとう代は1人580円です。べんとう代は全部(ぜんぶ)で何円ですか。(5点)

□

1回 20回 40回 60回 80回 100回 120回 GOAL

上級レベル 54 かけ算の筆算 (4)

時間 20分	とく点
合かく 35点	50点

勉強した日 〔　月　日〕

1 つぎの計算をしなさい。(3点×6)

(1) 48×40　　(2) 590×5

(3) 920×510　　(4) 50×720

(5) 350×160　　(6) 80×2500

2 つぎの計算をしなさい。(3点×6)

(1) 2×93×5　　(2) 5×490×4

(3) 72×8×5　　(4) 37×25×4

(5) 25×8×34　　(6) 25×28

3 つぎの□にあてはまる数を書きなさい。(3点×2)

(1)

			□	1	□
		×	2	□	3
		1	2	5	1
	3	□	5	3	
	□	3	□		
1	2	2	1	8	1

(2)

			□	□	3
		×	6	1	□
		3	□	3	1
		□	3	3	
2	□	9	8		
2	6	7	1	6	1

4 4人がけの長いすがたてに27きゃくならんでいる列が5列あります。全部で何人すわることができますか。(4点)

□

5 さとしさんは960mの道のりを毎日朝と夕方に走っています。180日で何km何m走りますか。(4点)

□

55 最上級レベル 7

1回 20回 40回 60回 80回 100回 120回 GOAL

勉強した日［　月　日］

時間 25分	とく点
合かく 40点	50点

1 つぎの問いに答えなさい。（2点×3）

(1) 1 辺が 7 cm の正三角形の，まわりの長さは何 cm ですか。

(2) 1 辺が 4 cm の正方形の，まわりの長さは何 cm ですか。

(3) たての長さが 16 cm，まわりの長さが 46 cm の長方形の横の長さは何 cm ですか。

2 つぎの□にあてはまる数を書きなさい。（3点×5）

(1) 4 kg+2 kg 800 g=□kg□g

(2) 2 kg 600 g+5700 g=□g

(3) 4 kg −1300 g=□kg□g

(4) 6 t 200 kg −4 t 700 kg=□t□kg

(5) 3 kg 100 g −1 kg 600 g=□g

3 つぎの筆算をしなさい。（4点×4）

(1) 367 × 423

(2) 513 × 621

(3) 826 × 385

(4) 803 × 506

4

8 さつの本の重さをはかったら，3 kg 800 g ありました。この 8 さつの本を箱に入れると，全部で 4 kg 200 g ありました。**箱の重さは何 g ですか。**（4点）

5

1 つ 348 円のケーキを 12 こ買います。**5000 円さつを 1 まい出すと，おつりは何円になりますか。**（4点）

6

ゆかりさんの学校の男子の人数は 239 人，女子の人数は 199 人です。1 人に 1 さつずつノートを配ります。ノート 1 さつのねだんは 124 円です。**ノートの代金は，全部で何円になりますか。**（5点）

1回 20回 40回 60回 80回 100回 120回

勉強した日 [月 日]

時間 25分	とく点
合かく 40点	50点

56 最上級レベル 8

1 右の図は，正三角形と二等辺三角形を組み合わせたものです。**まわりの長さは何 cm ですか。**（5点）

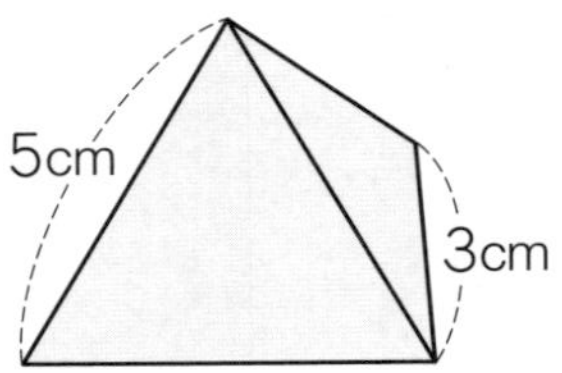

5cm
3cm

2 右の図の中に，直角三角形は全部で何こありますか。（5点）

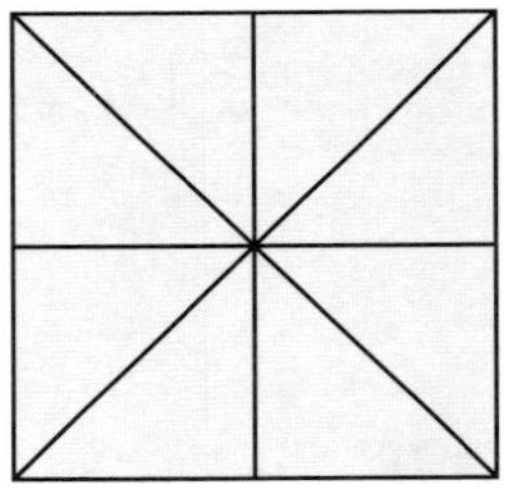

3 つぎの□にあてはまる数を書きなさい。（3点×4）

(1) 400 g×8=□kg□g

(2) 2 kg 700 g÷3=□g

(3) 700 kg×40=□t

(4) 48 t÷6=□kg

4 つぎの筆算や計算をしなさい。（3点×6）

(1)
$$\begin{array}{r} 2468 \\ \times \quad 9 \\ \hline \end{array}$$

(2)
$$\begin{array}{r} 680 \\ \times 704 \\ \hline \end{array}$$

(3) 7900×8

(4) 240×250

(5) 2×55×50

(6) 80×134×25

5 ひろしさんの小学校の３年生の人数は，108人です。姉の中学校全員の人数は，その14倍より37人少ないそうです。**姉の中学校全員の人数は，何人ですか。**（5点）

6 お店でメロンパンを１こ150円で売っています。２こ買うと２こともＩこ125円にまけてもらえます。ある日の売り上げを調べると１こだけ買った人が128人，２こ買った人が47人でした。**この日の売り上げは全部で何円ですか。**（5点）

1回 20回 40回 60回 80回 100回 120回 GOAL

勉強した日 〔　月　日〕

標準レベル 57 □を使った式 (1)

時間 20分	とく点
合かく 40点	50点

1 色紙が18まいありましたが，何まいか使いました。使った色紙を□まいとして，のこった色紙のまい数を式に表しなさい。(10点)

2 青のテープは赤のテープの4倍の長さです。赤のテープの長さを□cmとして，青のテープの長さを式に表しなさい。(10点)

3 リボンを同じ長さで6本に切り分けました。もとのリボンの長さを□cmとして，切り分けた1本のリボンの長さを式に表しなさい。(10点)

4 バターを130gの皿にのせました。バターの重さを□gとして，問いに答えなさい。(4点×3)

(1) 全体の重さは何gですか。□を使って式に表しなさい。

(2) 全体の重さは300gになりました。このことを等号(=)を使って式に表しなさい。

(3) バターの重さは何gですか。

5 ノートを3さつ買うと，代金は390円でした。このことをノート1さつを□円として式に表しなさい。また，□にあてはまる数をもとめなさい。(4点×2)

(式)

(□の数)

上級レベル 58

□を使った式 (1)

勉強した日 [　月　日]

時間 20分	とく点
合かく 35点	/50点

1 池にあひるが26羽いましたが，何羽かとんできたあと，9羽とんでいきました。**とんできたあひるの数を□羽として，池にいるあひるの数を式に表しなさい。**（6点）

2 ジュースが9dLありました。ゆうとさんが2dL，兄が何dLか飲みました。**兄が飲んだジュースを□dLとして，のこったジュースを式に表しなさい。**（7点）

3 長いすが何きゃくかあります。子どもが1つの長いすに6人ずつすわりましたが，8人がすわれずに立っています。**長いすを□きゃくとして，全部の子どもの人数を式に表しなさい。**（7点）

4 プリンが6こ入りパックでいくつかと，ばらで4こあります。**6こ入りパックの数を□つとして，問いに答えなさい。**（6点×3）

(1) プリンは全部で何こありますか。□を使って式に表しなさい。

(2) プリンは全部で52こあります。このことを等号(＝)を使って式に表しなさい。

(3) 6こ入りパックはいくつありますか。

5 みかんが6こずつ入った箱がいくつかあります。そのうち12こ食べると，みかんは30こあのこりました。**みかんが6こ入った箱を□箱として式に表しなさい。また，□にあてはまる数をもとめなさい。**（6点×2）

(式)

(□の数)

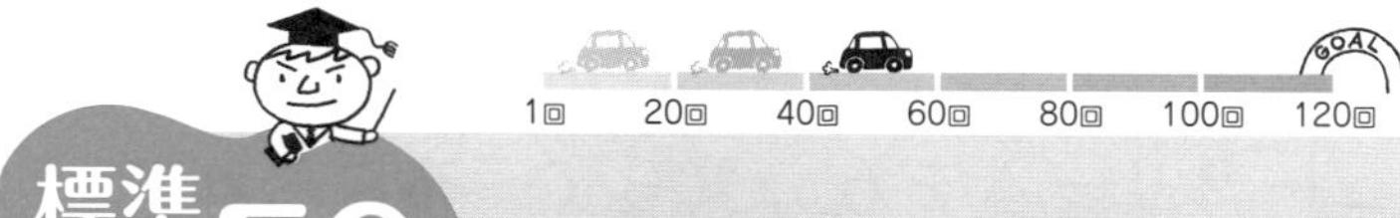

勉強した日 〔　月　日〕

時間 20分	とく点
合かく 40点	50点

標準レベル 59 □を使った式 (2)

1 色紙を54まい持っていました。そのうち何まいか使ったら，のこりが36まいになりました。使った色紙は何まいですか。**使った色紙を□まいとして式に表し，使った色紙のまい数をもとめなさい。** (5点×2)

(式)

(答え)

2 400gの油をびんに入れて重さをはかったら，650gありました。びんの重さは何gですか。**びんの重さを□gとして式に表し，びんの重さをもとめなさい。** (5点×2)

(式)

(答え)

3 1000円さつを持ってケーキを買いに行きました。ケーキを1つ買ったら，240円のおつりがありました。ケーキ1つは何円ですか。**ケーキ1つの代金を□円として式に表し，ケーキ1つの代金をもとめなさい。** (5点×2)

(式)

(答え)

4 トマトを10こ買って880円はらいました。トマト1このねだんは何円ですか。**トマト1このねだんを□円として式に表し，トマト1このねだんをもとめなさい。** (5点×2)

(式)

(答え)

5 56このキャンディーを8こずつ箱に入れていきます。キャンディーが8こ入った箱は何箱できますか。**キャンディーが8こ入った箱を□箱として式に表し，箱の数をもとめなさい。** (5点×2)

(式)

(答え)

1回 20回 40回 60回 80回 100回 120回 GOAL

勉強した日 〔　月　日〕

上級レベル 60

□を使った式 (2)

時間 20分	とく点
合かく 35点	50点

1 みゆきさんは，えん筆を８本持っていました。けいたさんから４本，ひろこさんから何本かもらったので，全部で18本になりました。ひろこさんからもらったえん筆は，何本ですか。**ひろこさんからもらったえん筆の本数を□本として式に表し，ひろこさんからもらったえん筆の本数をもとめなさい。**（5点×2）

（式）

（答え）

2 75このクッキーを９こずつふくろにつめていくと，３こあまりました。ふくろは何ふくろできましたか。**ふくろの数を□ふくろとして式に表し，ふくろの数をもとめなさい。**（5点×2）

（式）

（答え）

3 １こ80円のシュークリームを６こ買って，箱に入れてもらいました。全部のねだんは500円でした。**箱のねだんを□円として式に表し，箱のねだんをもとめなさい。**（5点×2）

（式）

（答え）

4 何まいかのおり紙を同じまい数ずつ７人で分けたら，１人12まいずつになりました。おり紙は全部で何まいありましたか。**おり紙のまい数を□まいとして式に表し，おり紙のまい数をもとめなさい。**（5点×2）

（式）

（答え）

5 3mのリボンを40cmずつ切り取っていくと，何本かのリボンができて20cmあまりました。**取れたリボンの本数を□本として式に表し，取れたリボンの本数をもとめなさい。**（5点×2）

（式）

（答え）

標準レベル 61

箱の形(1)

勉強した日〔　月　日〕

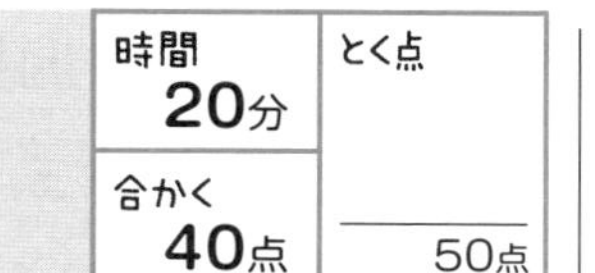

時間 20分	とく点
合かく 40点	50点

1 右のような箱があります。**つぎの問いに答えなさい。** (5点×5)

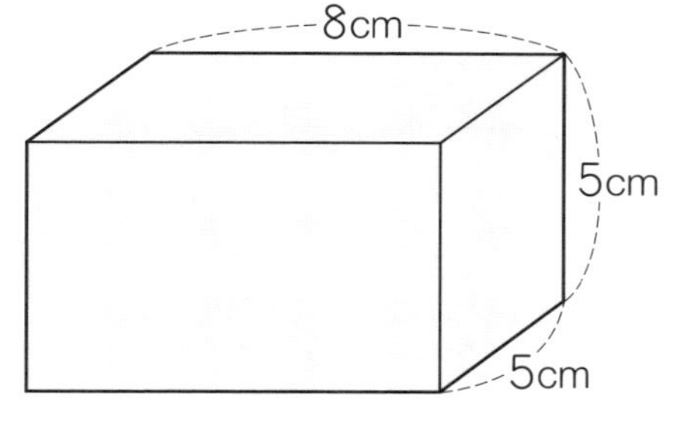

(1) 1つの辺が5cmの正方形の面は，いくつありますか。

(2) たてが5cm，横が8cmの長方形の面は，いくつありますか。

(3) 8cmの辺は，何本ありますか。

(4) 5cmの辺は，何本ありますか。

(5) ちょう点は，何こありますか。

2 つぎの(1)～(3)の図を組み立てると，どの箱の形になりますか。**下のあ～うの中からえらんで，記号で答えなさい。** (5点×3)

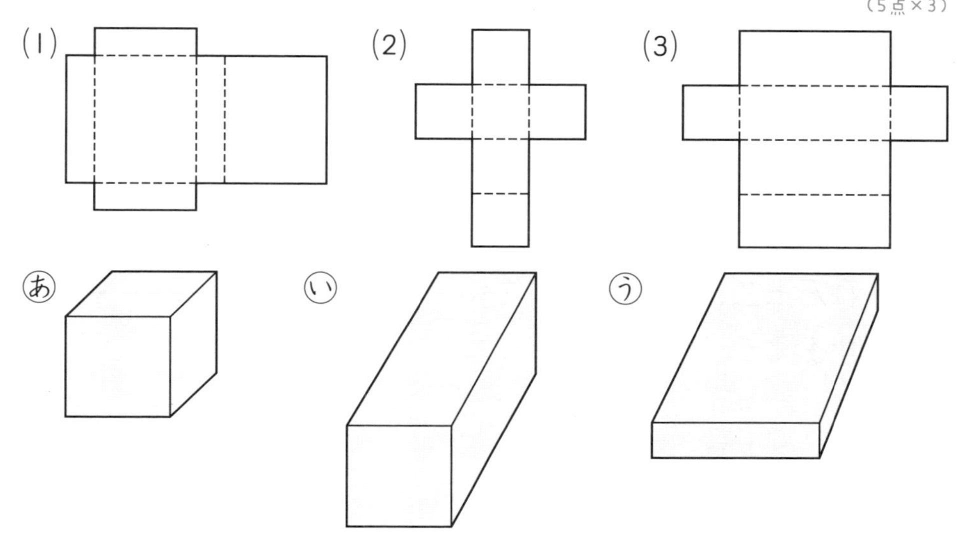

(1)　(2)　(3)

3 **つぎの問いに答えなさい。** (5点×2)

(1) 箱の形には，面がいくつありますか。

(2) 箱の形には，辺が何本ありますか。

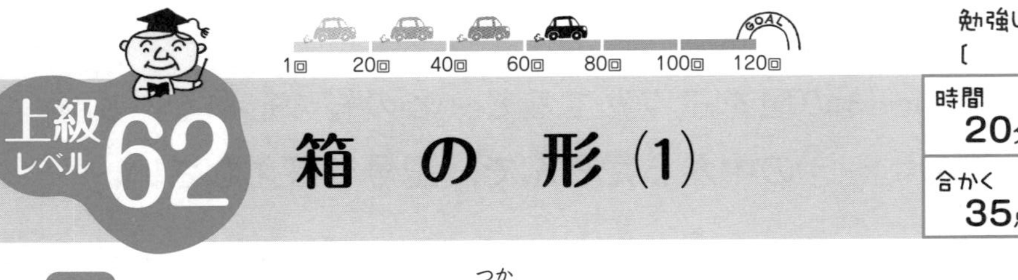

箱の形(1)

勉強した日〔　月　日〕

時間 20分	とく点
合かく 35点	50点

1 ひごとねん土玉を使って，右のような箱の形をつくります。**つぎの問いに答えなさい。**

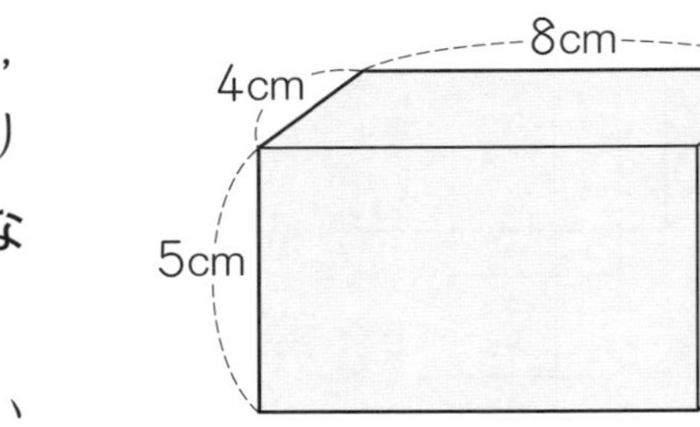

(1) ねん土玉は，全部で何こいりますか。(4点)

(2) 4 cm のひごは，何本いりますか。(4点)

(3) 5 cm のひごは，何本いりますか。(4点)

(4) 8 cm のひごは，何本いりますか。(5点)

(5) ひごは全部で，何 cm いりますか。(5点)

2 箱を切り開いたら，右の図のようになりました。**つぎの問いに答えなさい。**(4点×7)

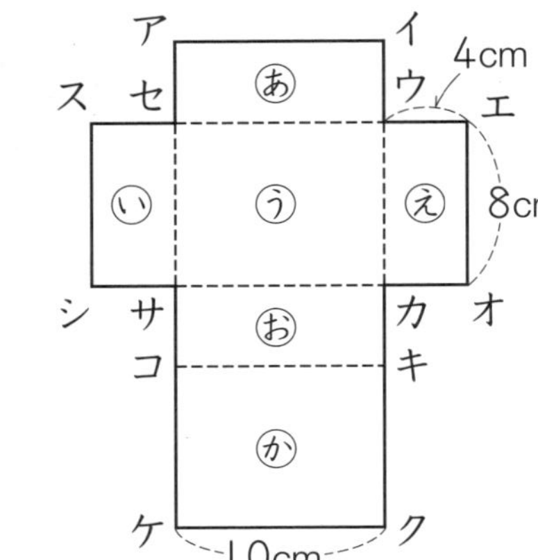

(1) 箱を組み立てたとき，１つの面はどんな形をしていますか。

(2) 辺アセの長さは，何 cm ですか。

(3) 辺スセの長さは，何 cm ですか。

(4) 組み立てたとき，辺ケコと重なる辺はどれですか。

(5) 組み立てたとき，面ⓐと向かい合う面はどれですか。

(6) 組み立てたとき，面ⓚと向かい合う面はどれですか。

(7) 組み立てたとき，点オと重なるちょう点はどれですか。

勉強した日
〔　　月　　日〕

時間 20分	とく点
合かく 40点	50点

標準レベル 63 箱の形 (2)

1 さいころの形について，つぎの問いに答えなさい。(4点×4)

(1) 面は全部でいくつありますか。

(2) 1つの面は，どんな形をしていますか。

(3) ちょう点は全部でいくつありますか。

(4) 辺は全部で何本ありますか。

2 はり金とねん土玉を使ってさいころの形をつくります。つぎの問いに答えなさい。(5点×2)

(1) 1つの辺の長さが10cmのとき，はり金は全部で何cmいりますか。

(2) ちょう点にするねん土玉の重さが全部20gのとき，ねん土は全部で何gいりますか。

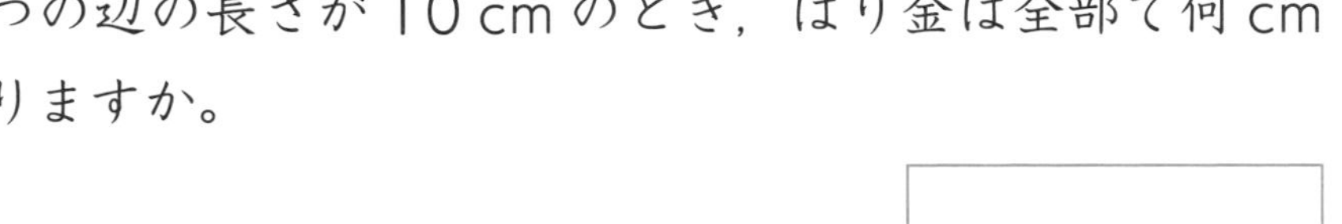

3 さいころは，向かい合った面の目の数をたすと7になります。つぎの図で，後ろから見たときの目の数をたすといくつになりますか。(4点×2)

(1)

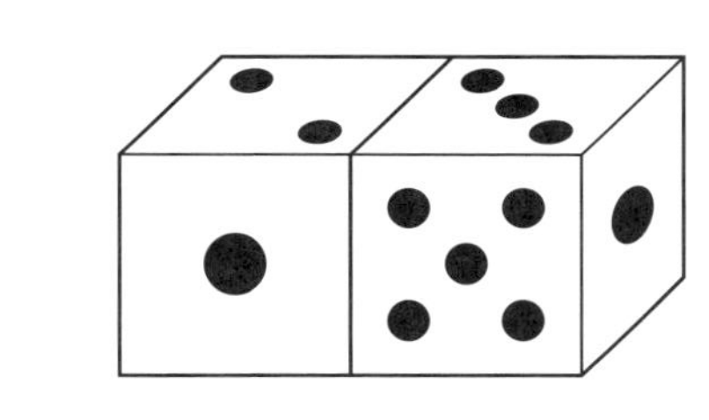

(2)

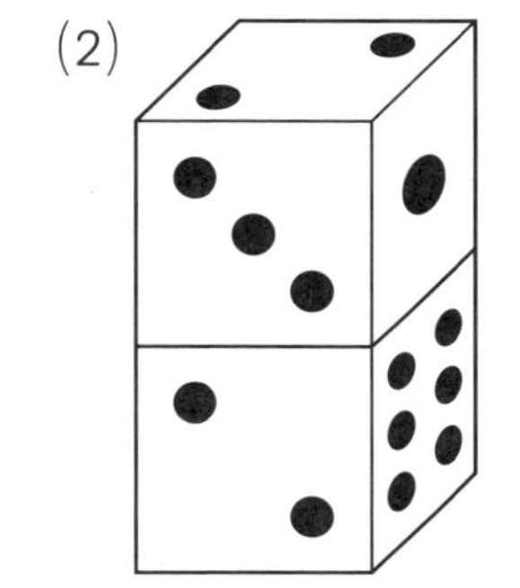

4 さいころは，向かい合った面の目の数をたすと7になります。あいている面に，あてはまる目の数を数字で書きなさい。(4点×4)

(1)

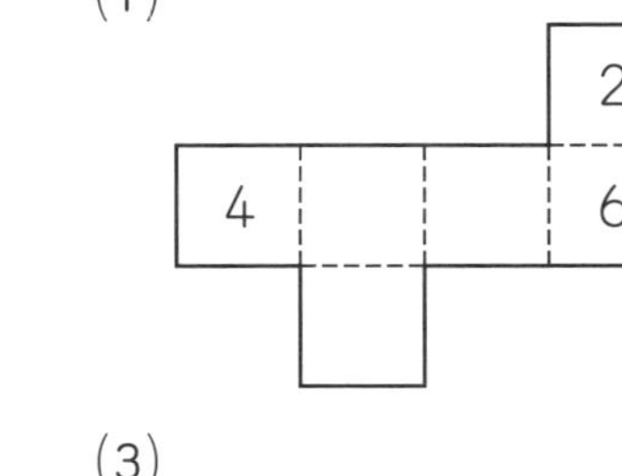

(2)

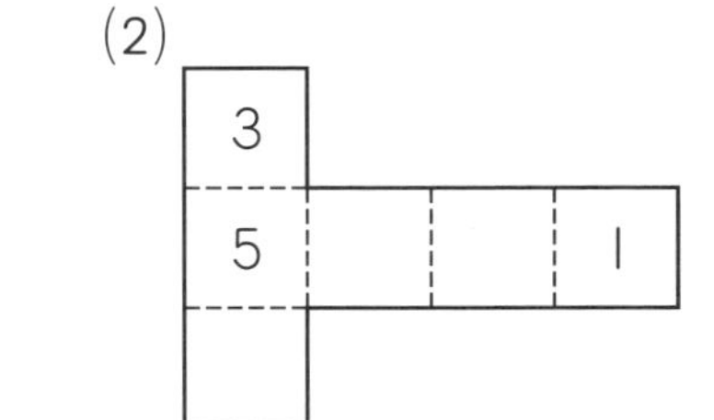

(3)

1
2
3

(4)

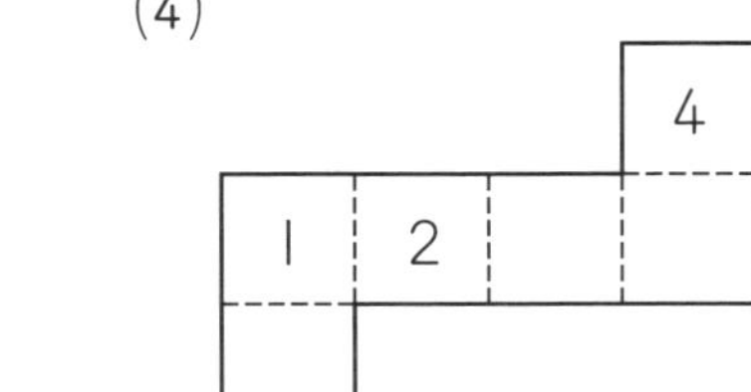

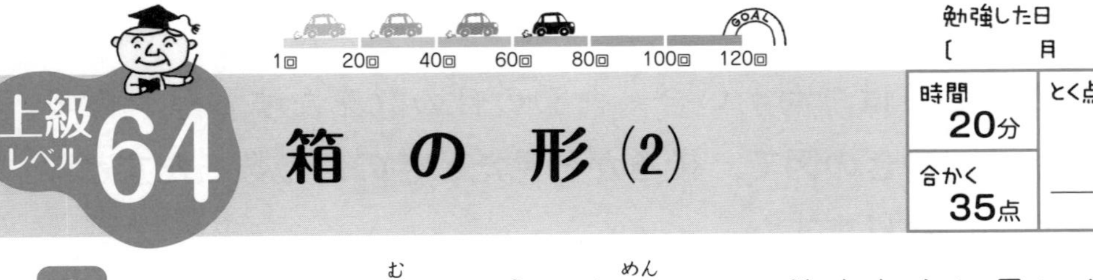

上級レベル 64 箱の形 (2)

勉強した日〔　　月　　日〕

時間 20分	とく点
合かく 35点	50点

1 さいころは，向かい合った面の目の数をたすと７になります。**つぎの図で，後ろから見たときの目の数をたすといくつになりますか。** (5点×2)

(1)

(2)

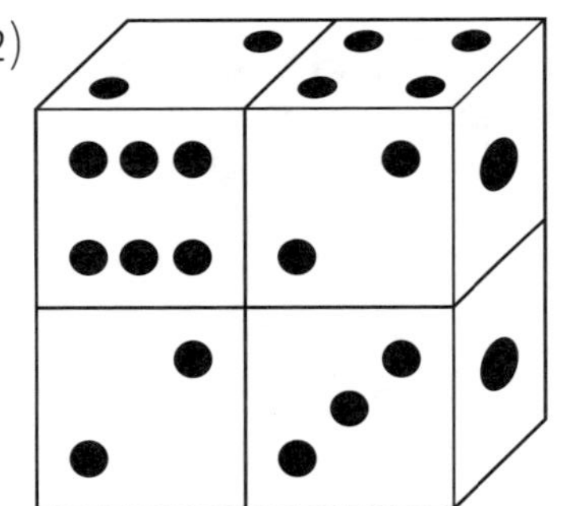

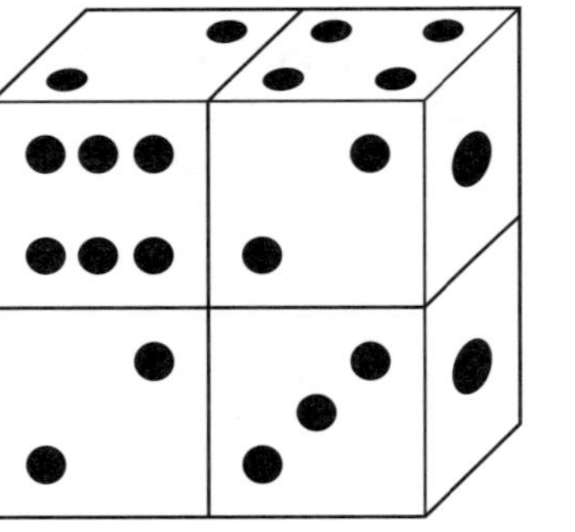

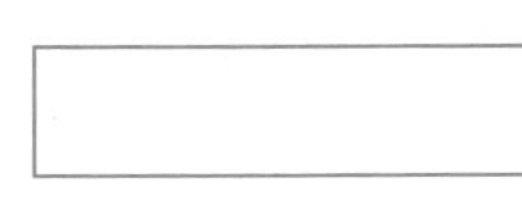

2 **それぞれの図で，さいころの形は，何こありますか。** (5点×2)

(1)

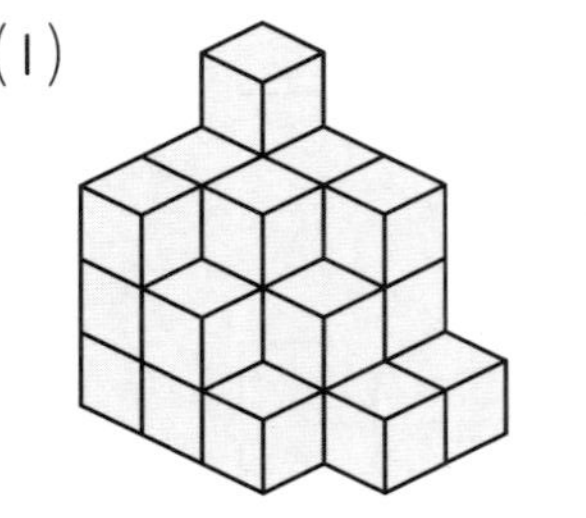

(2)

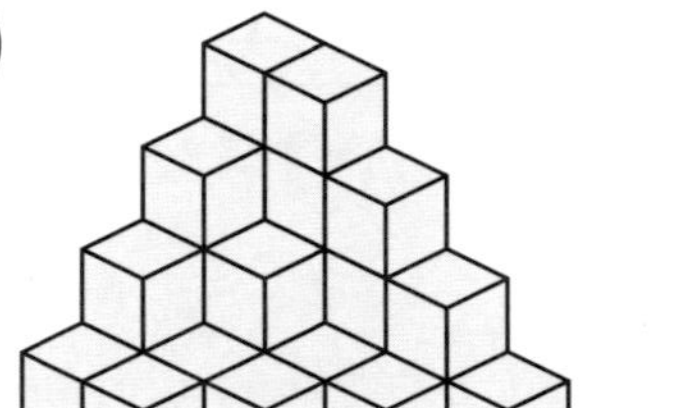

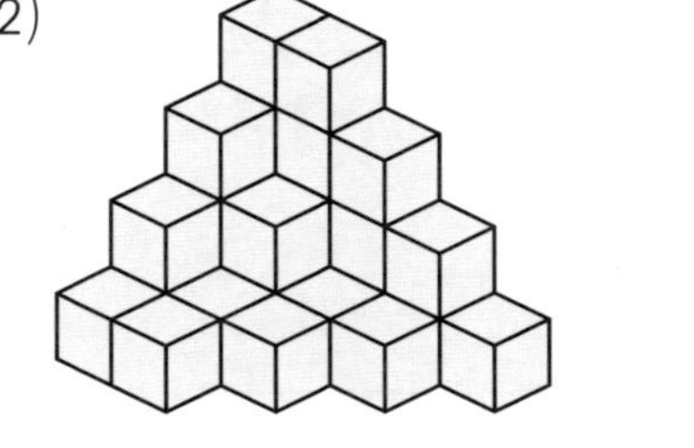

3 さいころは，向かい合った面の目の数をたすと７になります。**あいている面に，あてはまる目の数を数字で書きなさい。** (5点×4)

(1)

		3	
2	1		

(2)

		1	
	5	4	

(3)

			3
5			
		1	

(4)

			3	5
		1		

4 右の図のように，さいころを２つくっつけて，つくえの上におきました。**このとき，つぎの問いに答えなさい。** (5点×2)

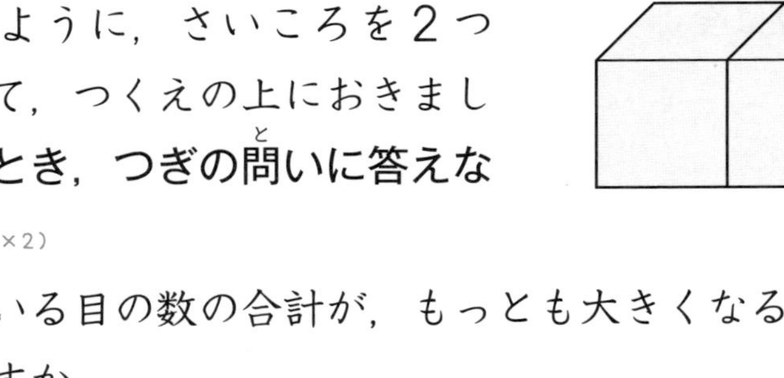

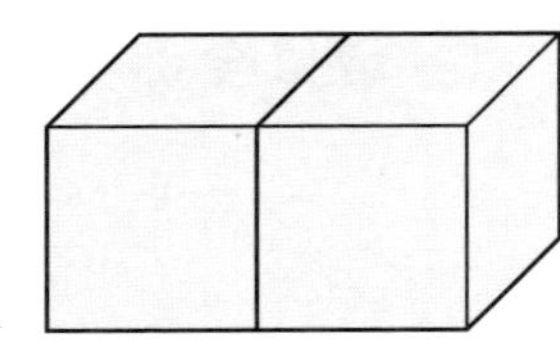

(1) 表に出ている目の数の合計が，もっとも大きくなる場合は，いくつですか。

(2) 表に出ている目の数の合計が，もっとも小さくなる場合は，いくつですか。

勉強した日 〔　　月　　日〕

標準レベル 65 円と球 (1)

時間	20分	とく点
合かく	40点	/50点

1 コンパスを使って，つぎの円をかきなさい。（5点×2）

(1) 半径が 1cm の円　　(2) 直径が 4cm の円

2 つぎの円の直径は何 cm ですか。（5点×3）

(1) 半径が 10 cm の円

(2) 右の図で，小さい円の半径が 3 cm のときの大きい円

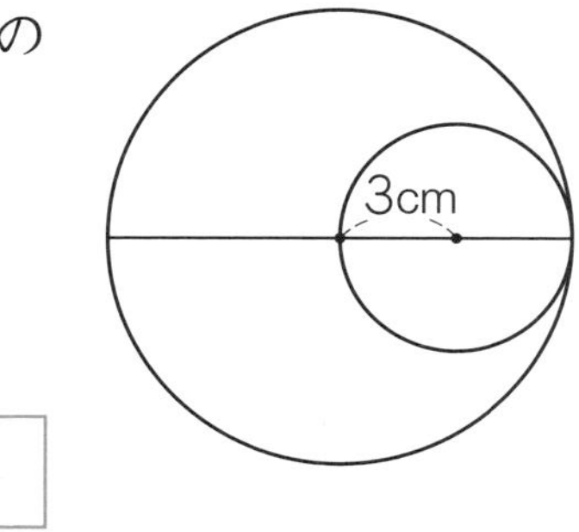

(3) 右の図で，正三角形のまわりの長さが 24 cm である円

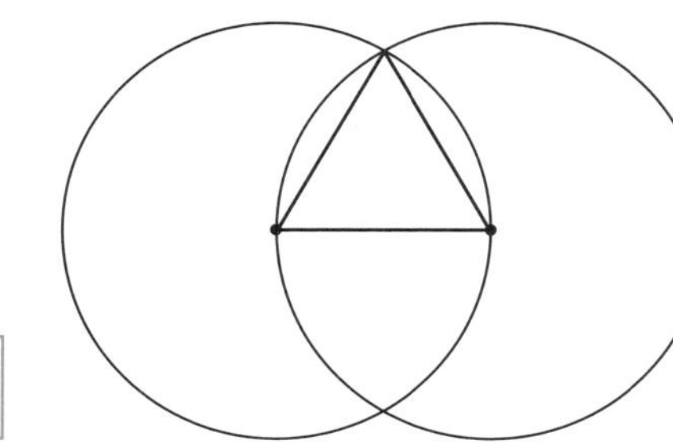

3 右の図のように，直径 8 cm のボールがぴったり入っている箱があります。つぎの問いに答えなさい。（5点×2）

(1) この箱のたて(短いほう)の長さは，何 cm ですか。

(2) この箱の横(長いほう)の長さは，何 cm ですか。

4 右の図の大きい円の直径は 12 cm です。つぎの問いに答えなさい。（5点×3）

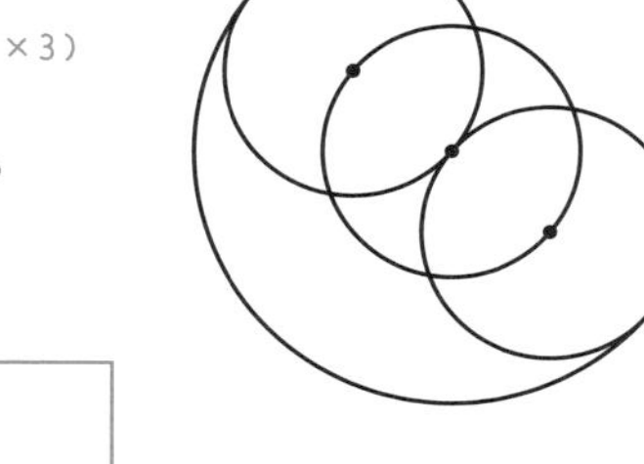

(1) 大きい円の半径は，何 cm ですか。

(2) 小さい円の直径は，何 cm ですか。

(3) 小さい円の半径は，何 cm ですか。

勉強した日〔　　月　　日〕

時間 20分　合かく 35点　とく点　　50点

上級レベル 66 円と球(1)

1 コンパスを使って，つぎのもようをかきなさい。（5点×2）

(1)　(2)

2 右の2つの円の直径は12cmです。**正三角形のまわりの長さは，何cmですか。**（10点）

3 右の図のように，ボールがぴったり入っている箱があります。**つぎの問いに答えなさい。**（5点×3）

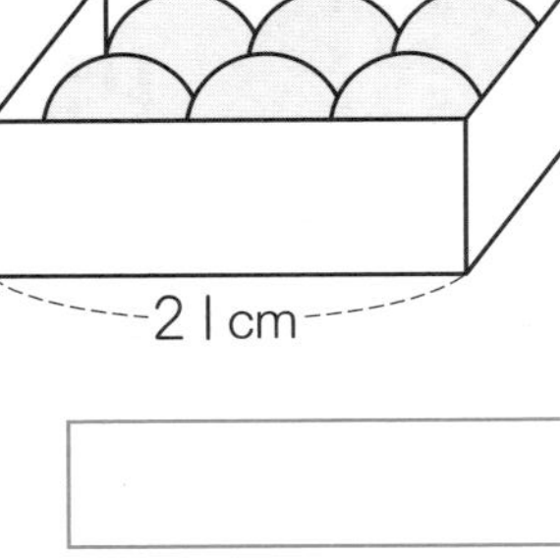
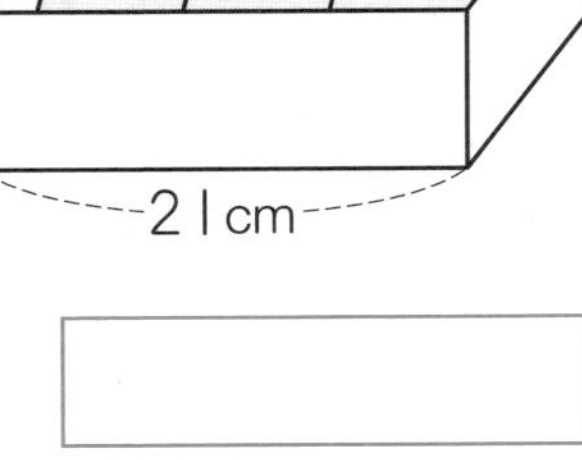

(1) 箱の横の長さは21cmです。ボール1この直径は何cmですか。

(2) この箱のたての長さは何cmですか。

(3) 箱の4つのすみにあるボールの中心をむすんで，長方形をつくります。この長方形のまわりの長さは何cmですか。

4 右の図のように，小さい円と大きい円でもようをかきました。大きい円の半径は24cmです。**つぎの問いに答えなさい。**（5点×3）

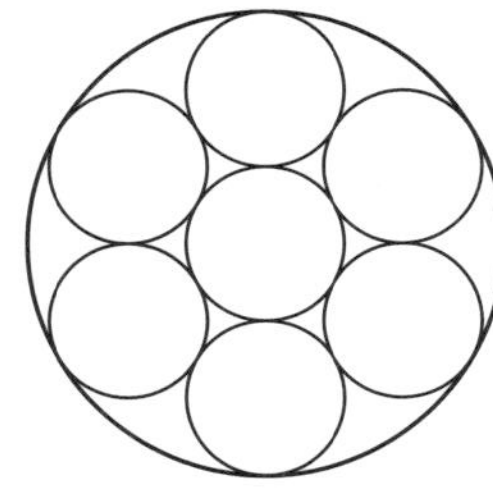

(1) 円は全部で何こありますか。

(2) 大きい円の直径は，何cmですか。

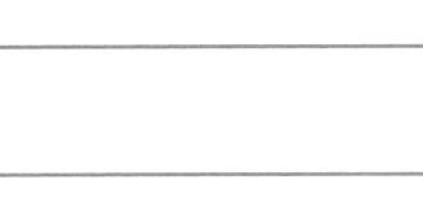

(3) 小さい円の半径は，何cmですか。

標準レベル 67

円と球 (2)

1回 20回 40回 60回 80回 100回 120回 GOAL

勉強した日〔　月　日〕

時間 20分	とく点
合かく 40点	50点

1 コンパスを使って，つぎのもようをかきなさい。（7点）

2 球について，つぎの□にあてはまることばを書きなさい。（4点×2）

球のどこを切っても，切り口の形はいつも□になります。切り口の形がいちばん大きくなるのは，□を通るように切ったときです。

3 右の図のように，まわりの長さが24 cmの正方形の中に，円をぴったり入るようにかきました。**つぎの問いに答えなさい。**（7点×2）

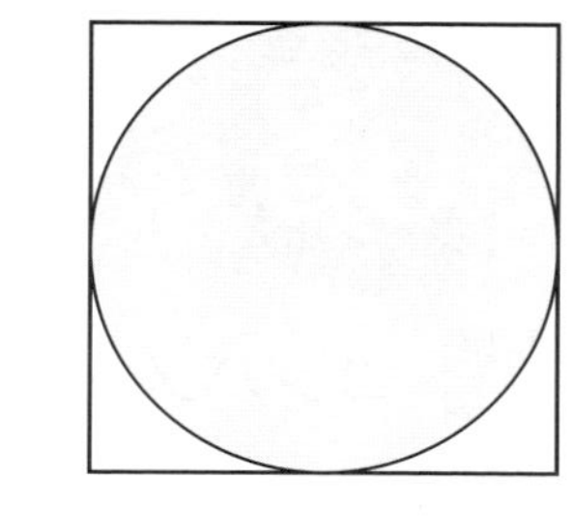

(1) 正方形の１つの辺の長さは，何cmですか。

□

(2) 円の半径は，何cmですか。

□

4 下の図のように，長方形の中に円をぴったり４つかきました。**このとき，つぎの問いに答えなさい。**（7点×3）

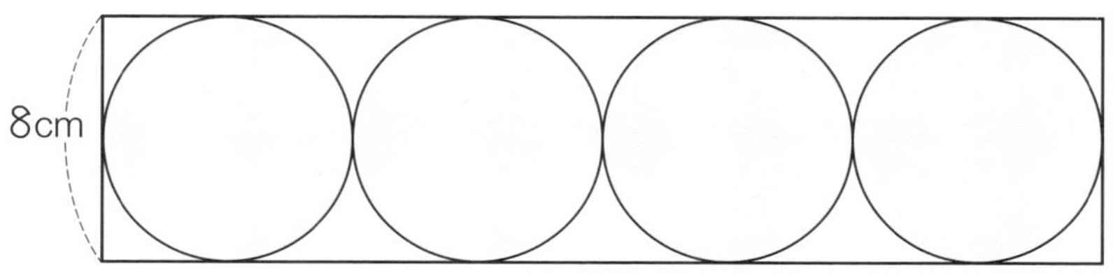

(1) この円の半径は，何cmですか。

□

(2) この長方形の横（長いほう）の長さは，何cmですか。

□

(3) この長方形のまわりの長さは，何cmですか。

□

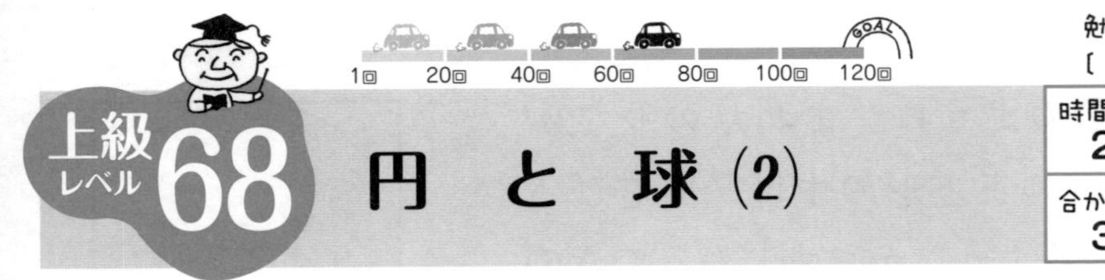

上級レベル 68 円と球 (2)

勉強した日〔　月　日〕

時間 20分	とく点
合かく 35点	50点

1 コンパスを使って，つぎのもようをかきなさい。（4点×2）

2 右の図のようなつつに，ボールをぴったりと入れていきます。**このとき，つぎの問いに答えなさい。**（6点×2）

(1) ボールの直径は何 cm ですか。

(2) このつつに，ボールは何こ入りますか。

3 右の図のような箱に，半径 3 cm のボールを入れていきます。**全部で何こ入りますか。**（6点）

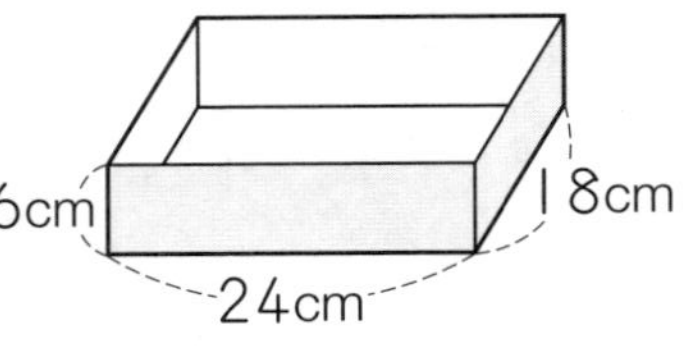

4 コンパスを使って，右の図のようなもようをかきました。**大きい円の直径は何 cm ですか。**（6点）

9cm
3cm

5 右の図のように，小さいほうからじゅんに 5 つの円ア，イ，ウ，エ，オをかきました。ア，イ，ウ，エの直径はそれぞれ 4 cm, 6 cm, 8 cm, 12 cm で，5 つの円の中心は同じ直線の上にあります。**つぎの問いに答えなさい。**（6点×3）

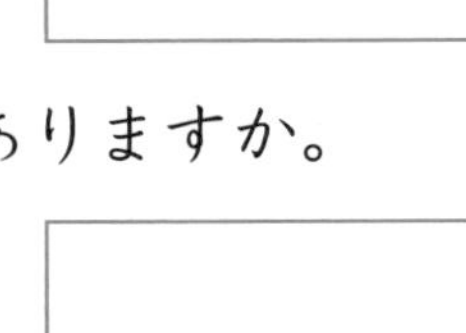

オ
ア イ ウ エ

(1) オの半径は何 cm ですか。

(2) アの中心からエの中心までは，何 cm ありますか。

(3) ウの中心からオの中心までは，何 cm ありますか。

勉強した日
〔　　月　　日〕

69 最上級レベル 9

時間 20分	とく点
合かく 40点	50点

1 650gの油をびんに入れて重さをはかったら，780gありました。びんの重さは何gですか。**びんの重さを□gとして式に表し，びんの重さをもとめなさい。**（5点×2）

（式）

（答え）

2 さいころは，向かい合った面の数をたすと7になります。つぎの図のような正方形のます目にそって，さいころをすべらないように転がします。**色のついたます目まで転がしたとき，上の面の数はいくつですか。**（5点×2）

(1)

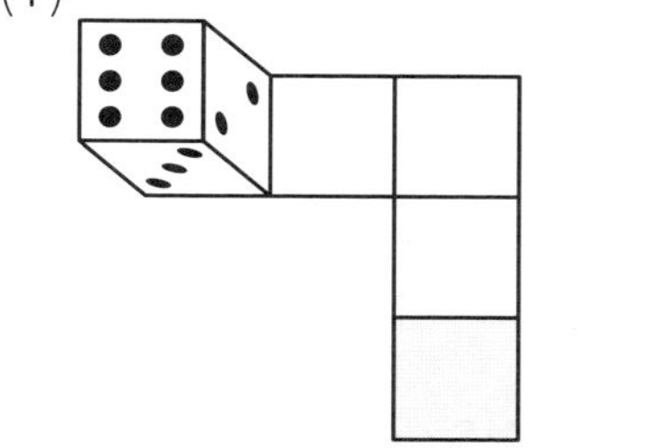

(2)

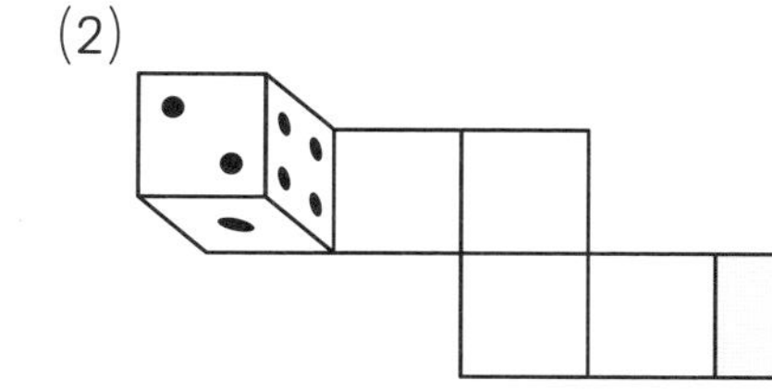

3 右のような箱があります。**つぎの問いに答えなさい。**（6点×3）

(1) たてが4cm，横が6cmの長方形の面は，いくつありますか。

(2) 6cmの辺は，何本ありますか。

(3) ちょう点は何こありますか。

4 右の図のように，同じ大きさの円を5つならべました。**アからイまでの長さが24cmのとき，円の半径は何cmですか。**（6点）

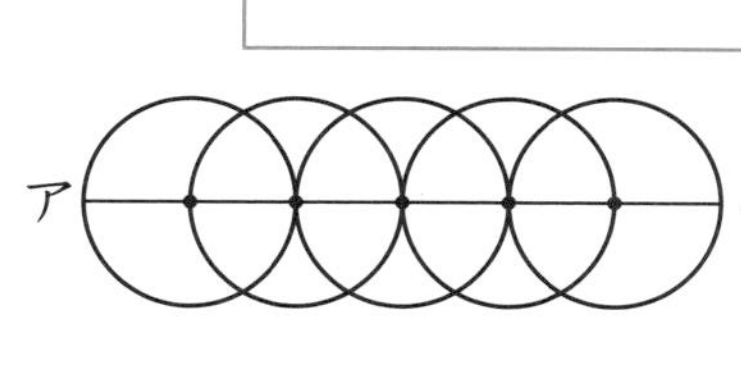

5 右の図のような箱に，ボールをぴったりと入れていくと，たて1列には4このボールがちょうど入りました。**箱にはボールが何こ入りますか。**（6点）

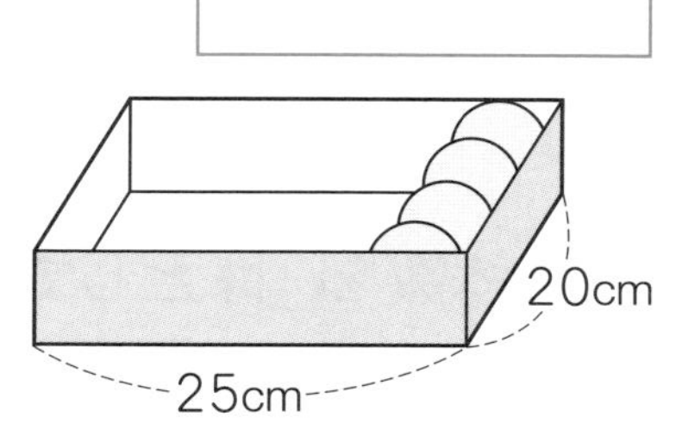

70 最上級レベル 10

勉強した日〔　　月　　日〕

時間 20分	とく点
合かく 40点	50点

1 本を箱(はこ)に入れます。はじめに２つの大きい箱に同じ数ずつ本を入れ，のこりの１２さつを小さい箱に入れました。本は全部(ぜんぶ)で何さつありますか。**大きい箱１つに入れた本を□さつとして，式(しき)に表(あらわ)しましょう。**（6点）

2 １こ３６０円のケーキを４ことジュースを１本買うと，ねだんは１５６０円になりました。ジュース１本のねだんは何円ですか。**ジュース１本のねだんを□円として式に表し，ジュースのねだんをもとめなさい。**（5点×2）

（式）

（答え）

3 ７ｍのリボンを３０cmずつ切り取(と)っていくと，何本かのリボンができて，１０cmあまりました。**取れたリボンの本数を□本として式に表し，取れたリボンの本数をもとめなさい。**（5点×2）

（式）

（答え）

4 それぞれの図で，さいころの形は，何こありますか。（4点×3）

(1)

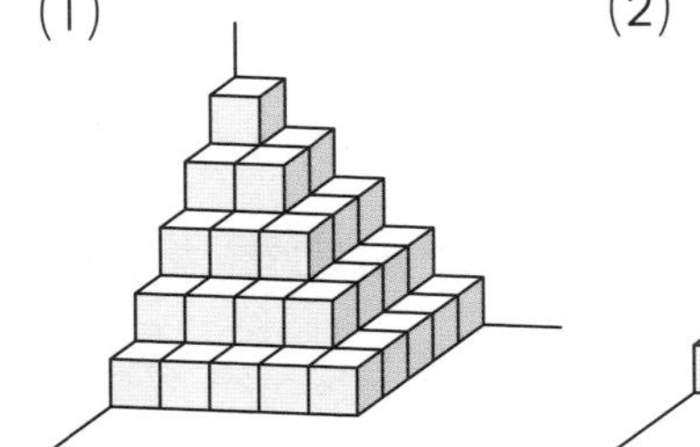

(2)

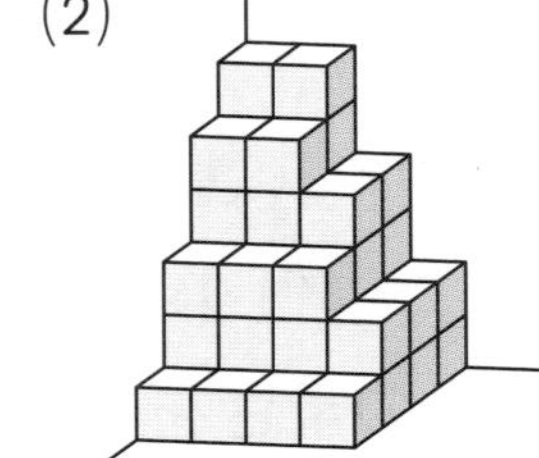

(3)

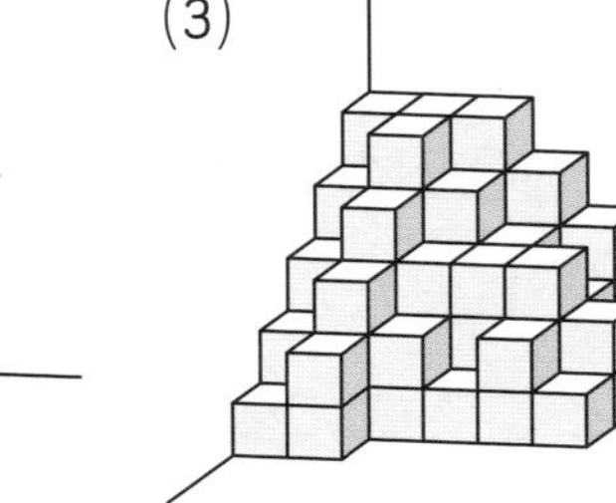

5 右の図のように，３つの円あ，い，うがあります。それぞれの円の中心はア，イ，ウで同じ直線の上にあります。このとき，**つぎの問(と)いに答えなさい。**（4点×3）

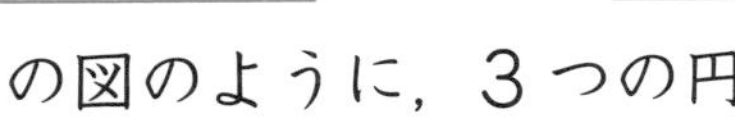

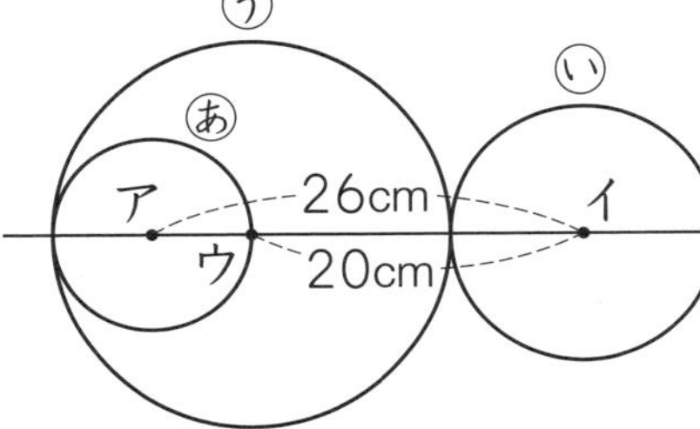

(1) 円あの直径(ちょっけい)は何cmですか。

(2) 円いの直径は何cmですか。

(3) 円うの直径は円あの半径(はんけい)の何倍(ばい)ですか。

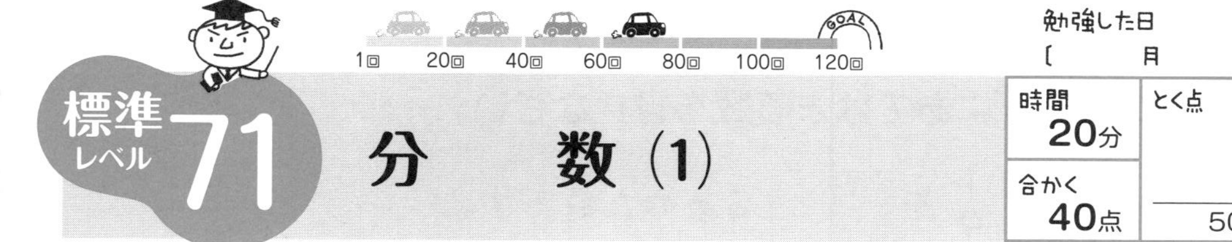

標準レベル 71 分　数 (1)

勉強した日〔　月　日〕

時間 20分　合かく 40点　とく点 ／50点

1 つぎの長さの分だけ色をぬりなさい。(2点×2)

(1) $\frac{3}{4}$ m

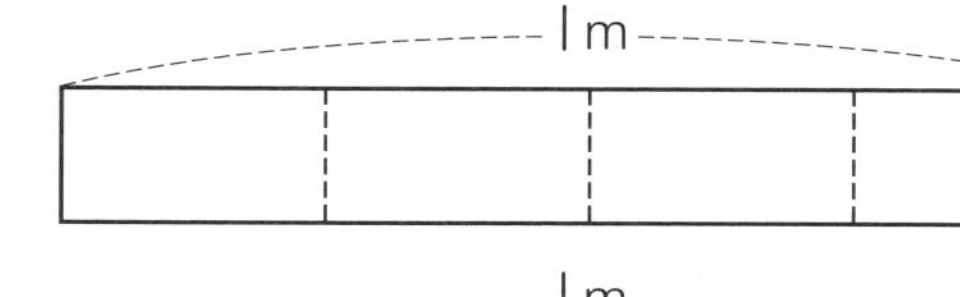

(2) $\frac{5}{8}$ m

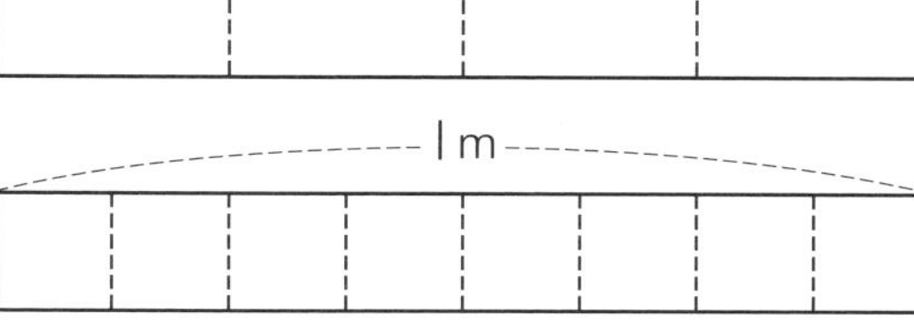

2 つぎの数直線で，(1)～(3)の目もりが表す数は，それぞれいくつですか。分数で表しなさい。(2点×3)

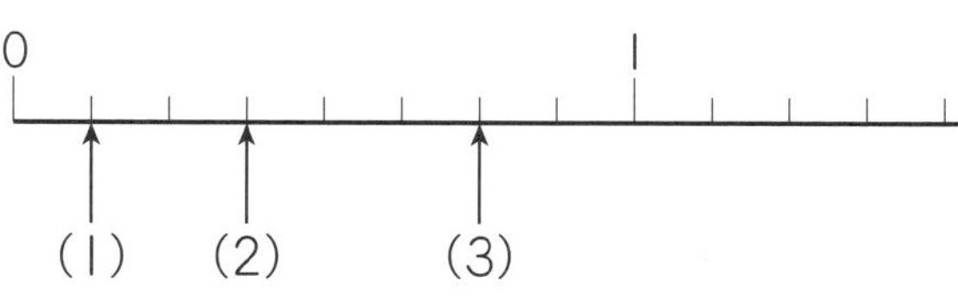

(1) □　(2) □　(3) □

3 つぎの図で色をぬった部分のかさは何Lですか。分数で表しなさい。(3点×2)

(1) 2L □

(2) 2L □

4 つぎの□にあてはまる数を書きなさい。(3点×6)

(1) 2 m のひもを 7 等分したとき，1 つ分の長さは □ m です。

(2) $\frac{1}{5}$ L の 3 こ分のかさは，□ L です。

(3) $\frac{7}{9}$ は □ の 7 こ分です。

(4) $\frac{9}{10}$ は $\frac{3}{10}$ の □ こ分です。

(5) $\frac{8}{7}$ m と $\frac{10}{7}$ m では □ m のほうが □ m だけ長いです。

5 つぎの□にあてはまる＜，＞の記号を書きなさい。(4点×4)

(1) $\frac{3}{4}$ □ $\frac{1}{4}$　(2) $\frac{2}{9}$ □ $\frac{5}{9}$

(3) $\frac{4}{5}$ □ 1　(4) 1 □ $\frac{9}{8}$

勉強した日〔　　月　　日〕

上級レベル 72

分　数 (1)

時間 20分	とく点
合かく 35点	/50点

1 つぎの円・正方形・長方形は，それぞれ 1 を表(あらわ)しています。色のついた部分(ぶぶん)を分数で表しなさい。(2点×3)

(1) 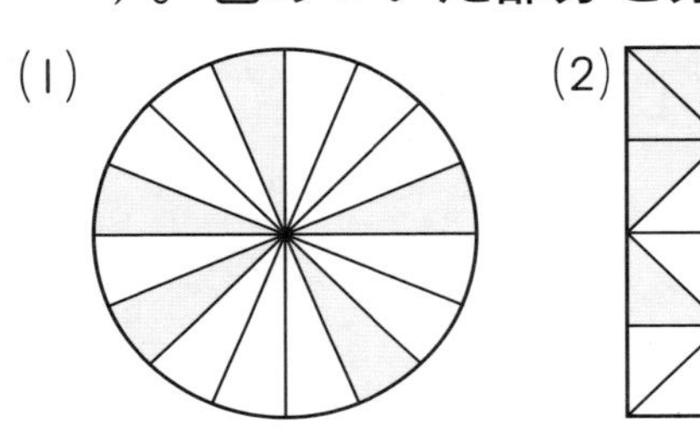 (2) 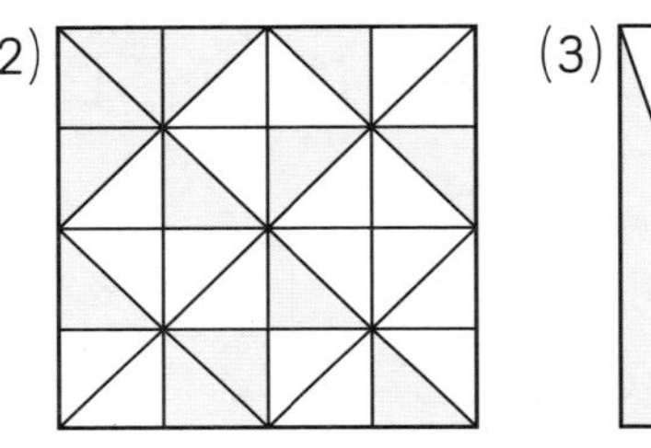 (3) 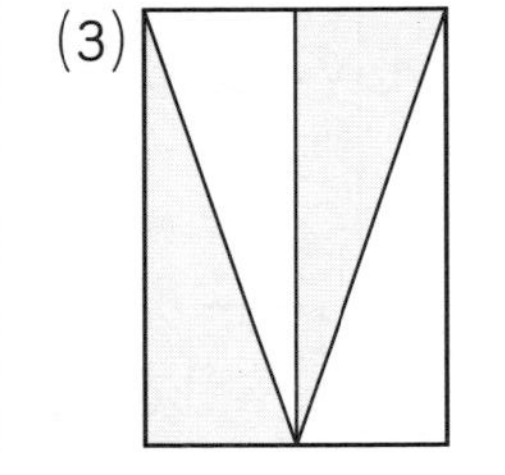

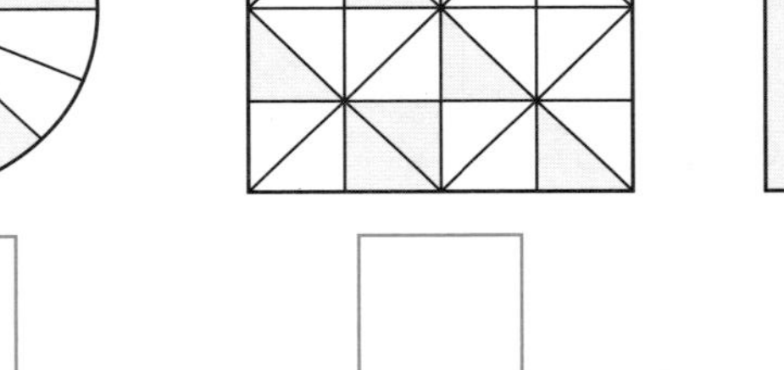

2 つぎの数直線で，(1)〜(4)の目もりが表す数は，それぞれいくつですか。分数で表しなさい。(1点×4)

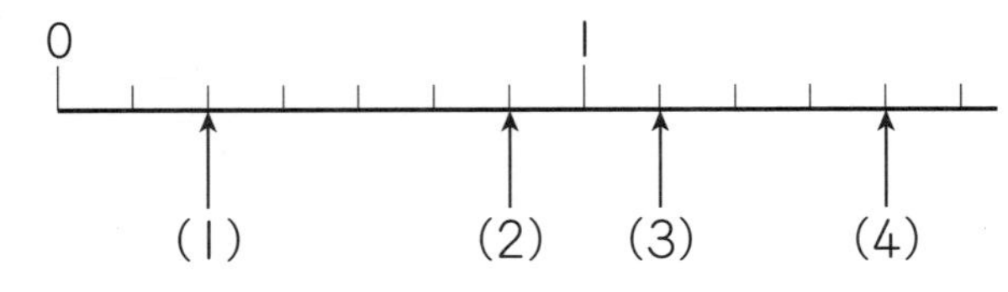

(1) □　(2) □　(3) □　(4) □

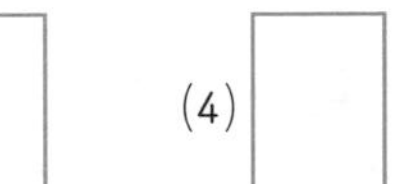

3 つぎの□にあてはまる＜，＞の記号(きごう)を書きなさい。(3点×4)

(1) $\frac{7}{5}$ □ $\frac{9}{5}$　(2) 2 □ $\frac{39}{20}$

(3) $\frac{5}{8}$ □ $\frac{5}{12}$　(4) $\frac{2}{3}$ □ $\frac{3}{6}$

4 つぎの□にあてはまる数を書きなさい。(3点×6)

(1) $\frac{50}{9}$ は，$\frac{1}{9}$ を □ こ集(あつ)めた数です。

(2) $\frac{19}{27}$ は 1 より $\frac{□}{27}$ だけ小さい数です。

(3) $\frac{1}{5}$ を 20 こ集めた数は，分数で表すと □ で，整数(せいすう)で表すと □ です。

(4) 1 時間の $\frac{2}{3}$ は □ 分です。

(5) □ g の肉の $\frac{1}{6}$ の重(おも)さは 80 g です。

5 つぎの□に数を入れて，同じ大きさの分数になおしなさい。(2点×5)

(1) $\frac{2}{5}=\frac{4}{10}=\frac{□}{15}=\frac{□}{20}=\frac{12}{□}$

(2) $\frac{3}{7}=\frac{□}{21}=\frac{15}{□}$

1回 20回 40回 60回 80回 100回 120回 GOAL

勉強した日〔　月　日〕

時間 20分	とく点
合かく 40点	50点

標準レベル 73 分数 (2)

1 つぎの計算をしなさい。（2点×8）

(1) $\frac{2}{4}+\frac{1}{4}$　(2) $\frac{3}{7}+\frac{1}{7}$

(3) $\frac{4}{8}+\frac{3}{8}$　(4) $\frac{1}{6}+\frac{5}{6}$

(5) $\frac{5}{7}+\frac{1}{7}$　(6) $\frac{3}{8}+\frac{2}{8}$

(7) $\frac{1}{5}+\frac{3}{5}$　(8) $\frac{5}{9}+\frac{2}{9}$

2 つぎの計算をしなさい。（2点×8）

(1) $\frac{4}{5}-\frac{1}{5}$　(2) $\frac{7}{8}-\frac{2}{8}$

(3) $\frac{5}{7}-\frac{2}{7}$　(4) $\frac{3}{4}-\frac{1}{4}$

(5) $\frac{5}{6}-\frac{4}{6}$　(6) $\frac{8}{9}-\frac{3}{9}$

(7) $1-\frac{2}{3}$　(8) $1-\frac{7}{9}$

3 水がコップに $\frac{3}{7}$ dL 入っています。もう 1 つのコップに $\frac{2}{7}$ dL 入っています。水は全部(ぜんぶ)で何 dL ありますか。（4点）

4 油(あぶら)が $\frac{7}{9}$ kg あります。この油を $\frac{1}{9}$ kg の重(おも)さのかんに入れます。重さはあわせて何 kg ですか。（4点）

5 ジュースが $\frac{5}{6}$ L あります。$\frac{1}{6}$ L 飲(の)むと，のこりは何 L ですか。（5点）

6 ロールケーキが 1 本あります。$\frac{5}{8}$ 本食べると，のこりは何本ですか。（5点）

上級レベル 74

分　数 (2)

時間 20分	とく点
合かく 35点	50点

勉強した日〔　月　日〕

1 つぎの計算をしなさい。（2点×8）

(1) $\frac{3}{6}+\frac{2}{6}$　　(2) $\frac{4}{7}+\frac{1}{7}$

(3) $\frac{5}{8}+\frac{7}{8}$　　(4) $\frac{2}{9}+\frac{7}{9}$

(5) $\frac{5}{12}+\frac{8}{12}+\frac{1}{12}$　　(6) $\frac{7}{15}+\frac{8}{15}+\frac{2}{15}$

(7) $1+\frac{2}{3}$　　(8) $\frac{4}{5}+2$

2 つぎの計算をしなさい。（2点×8）

(1) $\frac{5}{8}-\frac{3}{8}$　　(2) $\frac{7}{10}-\frac{4}{10}$

(3) $\frac{11}{7}-\frac{6}{7}$　　(4) $\frac{15}{9}-\frac{7}{9}$

(5) $\frac{13}{15}-\frac{7}{15}-\frac{2}{15}$　　(6) $\frac{19}{23}-\frac{11}{23}-\frac{2}{23}$

(7) $1-\frac{5}{12}$　　(8) $2-\frac{3}{4}$

3 りささんはリボンを1m持(も)っています。妹は$\frac{5}{7}$m持っています。**リボンは全部(ぜんぶ)で何mありますか。**（4点）

4 ひかるさんはねん土を$\frac{3}{8}$kg持っています。兄は$\frac{5}{8}$kg，弟は$\frac{2}{8}$kg持っています。**ねん土は全部で何kgありますか。**（4点）

5 しょうゆが2dLあります。$\frac{2}{3}$dL使(つか)いました。**のこりは何dLですか。**（5点）

6 ジュースが1Lあります。こうきさんは$\frac{3}{7}$L，弟は$\frac{2}{7}$L飲(の)みました。**のこりは何Lですか。**（5点）

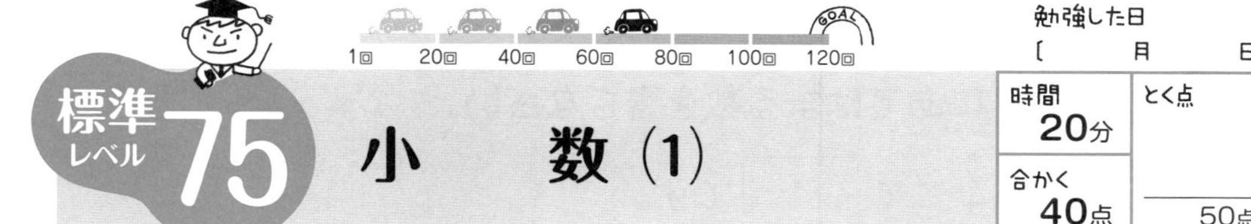

標準レベル 75 小　数 (1)

勉強した日〔　月　日〕

時間 20分	とく点
合かく 40点	50点

1 水のかさはそれぞれ何Lですか。小数で表(あらわ)しなさい (3点×2)

(1)

(2)

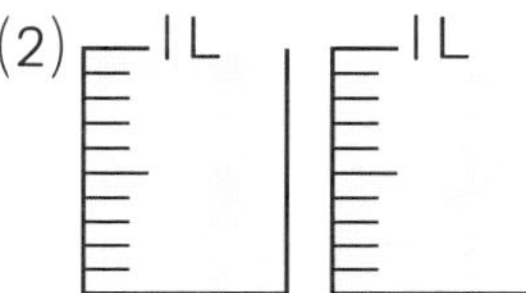

2 つぎの長さの分だけ色をぬりなさい。(3点×2)

(1) 0.9 m

(2) 2.5 m

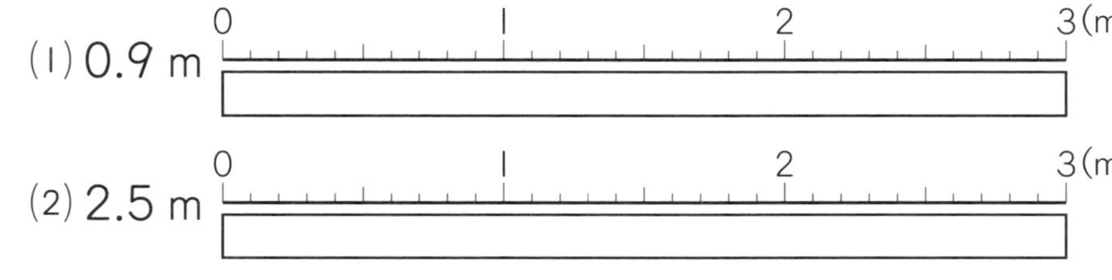

3 左のはしから(1)～(4)の目もりまでの長さは，それぞれ何cmですか。小数で表しなさい。(2点×4)

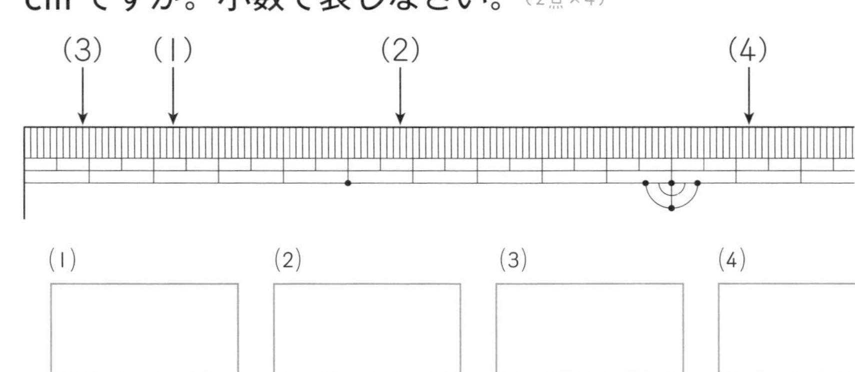

(1)　　(2)　　(3)　　(4)

4 つぎの□にあてはまる数を書きなさい。(3点×6)

(1) 3Lと0.4Lで□Lです。

(2) 2Lと□Lで2.6Lです。

(3) 0.1 cmの24こ分は□cmです。

(4) 7.5 cmは0.1 cmの□こ分です。

(5) 0.3を10倍(ばい)すると□になります。

(6) 48を10でわると□になります。

5 つぎの□にあてはまる数を書きなさい。(3点×4)

(1) 168 mm＝□cm　(2) 5 dL＝□L

(3) 800 g＝□kg　(4) 2 kg 700 g＝□kg

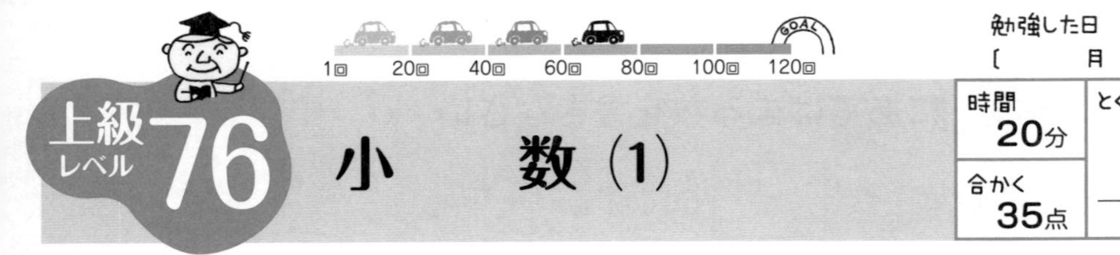

上級レベル 76 小　数 (1)

勉強した日〔　月　日〕

時間 20分	とく点
合かく 35点	50点

1 つぎのかさの分だけ色をぬりなさい。（1点×2）

(1) 0.4 L　(2) 3.1 L

2 つぎの数直線で(1)～(3)の目もりが表す数は，それぞれいくつですか。小数で表しなさい。（2点×3）

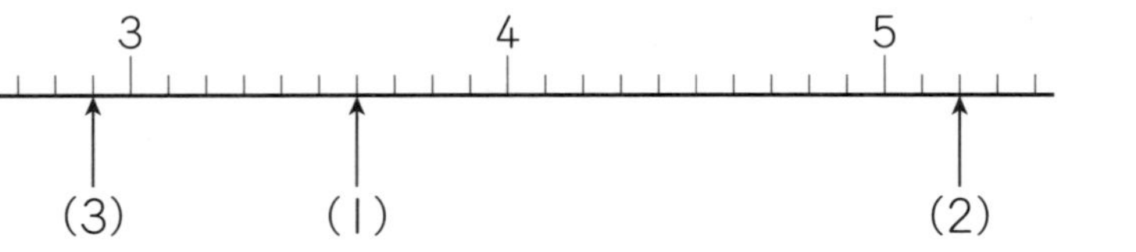

(1) □　(2) □　(3) □

3 つぎの□にあてはまる＜，＞の記号を書きなさい。（3点×4）

(1) 0.5 □ 0.7　(2) 0 □ 0.1

(3) 3.8 km □ 3 km 90 m　(4) 1.5 dL □ 16 mL

4 つぎの□にあてはまる数を書きなさい。（3点×6）

(1) 0.1 が 64 こで □ です。

(2) 31.4 は，0.1 が □ こ集まった数です。

(3) 8 より 0.1 小さい数は □ です。

(4) 10 を 23 こと，0.1 を 7 こ集めた数は □ です。

(5) 2.5 を 10 倍すると □ になります。

(6) 293 を 10 でわると □ になります。

5 つぎの□にあてはまる数を書きなさい。（3点×4）

(1) 6300 mL= □ L

(2) □ kg □ g=4.8 kg

(3) 24.8 dL= □ mL

(4) 12.5 km= □ cm

勉強した日
〔　　月　　日〕

時間 20分	とく点
合かく 40点	50点

標準レベル 77 小数 (2)

1 つぎの計算をしなさい。(2点×8)

(1) 0.4+0.5　　(2) 0.7+0.3

(3) 0.6+3　　(4) 6.1+2.9

(5) 2.7−1.8　　(6) 6.5−4

(7) 4−2.3　　(8) 7.3−5.6

2 つぎの筆算(ひっさん)をしなさい。(2点×4)

(1) 1.3 + 3.5

(2) 0.8 + 7.5

(3) 7.4 − 2.3

(4) 6.4 − 0.7

3 つぎの□にあてはまる分数を書きなさい。(2点×3)

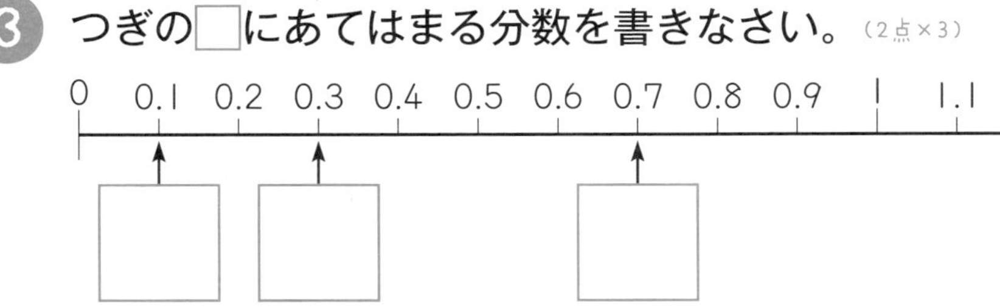

4 油(あぶら)が小さいびんに 3.7 L，大きいびんに 4.9 L 入っています。**あわせて何 L ですか。**(4点)

5 ジュースを 0.4 L 飲(の)むと，1.8 L のこりました。**はじめにジュースは何 L ありましたか。**(4点)

6 キャベツの重(おも)さは 1.4 kg，はくさいの重さは 2.1 kg です。**どちらが何 kg 重いですか。**(4点)

7 ビルの高さは 23.5 m，木の高さは 17.8 m です。**高さのちがいは何 m ですか。**(4点)

8 7.5 cm と 9.7 cm のテープをつなぎました。**つなぎめに 1.8 cm 使(つか)うと，長さは何 cm になりますか。**(4点)

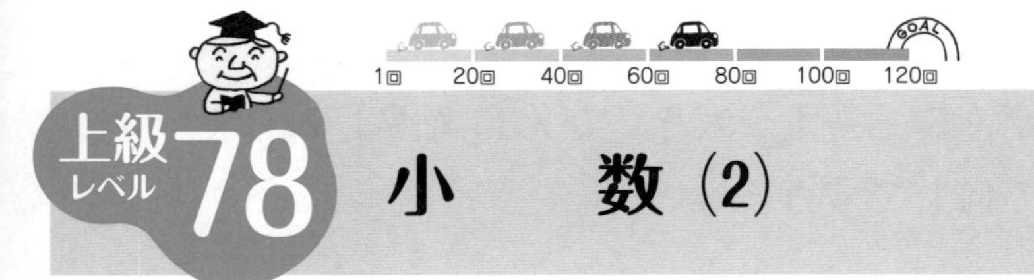

勉強した日〔　　月　　日〕

上級レベル78 小　数 (2)

時間 20分	とく点
合かく 35点	50点

1 つぎの計算をしなさい。（2点×8）

(1) 0.6+5.7　　(2) 3.2+2.8

(3) 1.3+8　　(4) 7.2−4.6

(5) 3−0.4　　(6) 7−4.8

(7) 0.3+1.8+2.5　　(8) 6−1.8−3.5

2 つぎの筆算(ひっさん)をしなさい。（2点×4）

$$(1)\ \begin{array}{r} 7.6 \\ +\ 12.4 \\ \hline \end{array} \qquad (2)\ \begin{array}{r} 6 \\ +\ 11.3 \\ \hline \end{array} \qquad (3)\ \begin{array}{r} 13.5 \\ -\ 12.8 \\ \hline \end{array} \qquad (4)\ \begin{array}{r} 23 \\ -\ 9.4 \\ \hline \end{array}$$

3 つぎの□にあてはまる分数を書きなさい。（2点×4）

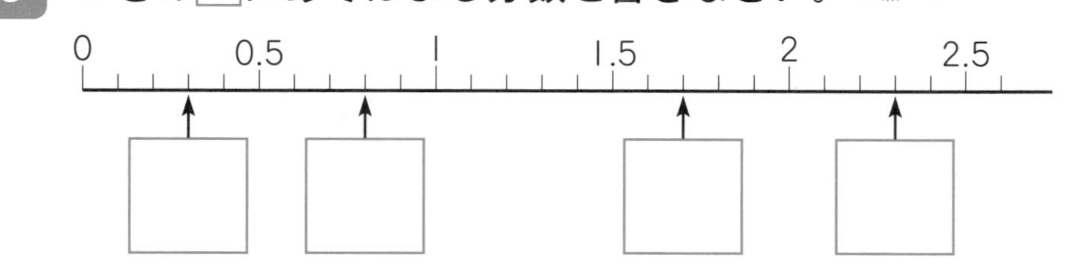

4 12.4 L入るバケツと9.6 L入るおけでは，どちらが何L多く入りますか。（4点）

5 ジュースが5.3 Lありました。朝1.2 L，昼に0.9 L飲(の)みました。のこりは何Lですか。（4点）

6 カバンの重(おも)さをはかると7.2 kgでした。重いので，カバンから0.4 kgの本と1.9 kgのパソコンを取(と)り出しました。カバンの重さは何kgになりましたか。（4点）

7 3つのたまごの重さをはかると，それぞれ60.7 g，58.8 g，62.1 gでした。問(と)いに答えなさい。（3点×2）

(1) いちばん重いたまごといちばん軽(かる)いたまごの重さのちがいは何gですか。

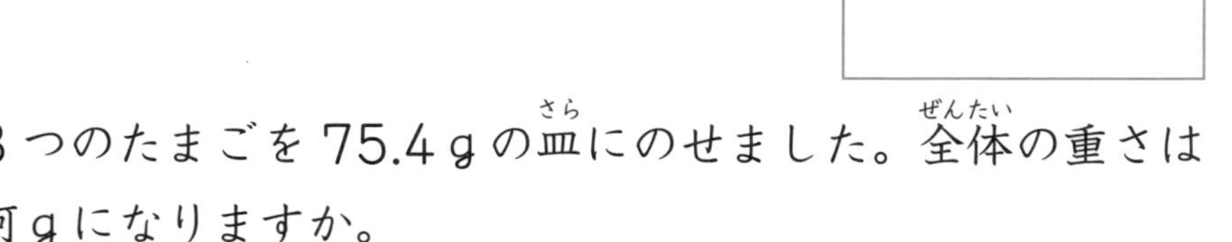

(2) 3つのたまごを75.4 gの皿(さら)にのせました。全体(ぜんたい)の重さは何gになりますか。

標準レベル 79

わり算の筆算 (1)★

勉強した日〔　月　日〕

時間 20分	とく点
合かく 40点	50点

★印は，発展的な問題が入っていることを示しています。

1 れいにならって，わり算を筆算(ひっさん)でしなさい。（2点×9）

れい　20÷6

6)20 → 6)20（商 3）→ 6)20（商 3, 18）→ 6)20（商 3, 18, 2）

3をたてる　6と3をかける　20からひくとあまりの2が出る

(1) 4)35　(2) 6)54　(3) 3)28

(4) 8)64　(5) 8)51　(6) 7)40

(7) 9)68　(8) 6)48　(9) 5)48

2 れいにならって，わり算を筆算でしなさい。（4点×8）

れい　79÷3

3)79（商 2）→ 3)79（商 2, 6, 1）→ 3)79（商 2, 6, 19）→ 3)79（商 26, 6, 19）→ 3)79（商 26, 6, 19, 18, 1）

7÷3から，十の位に2をたてる　3と2をかけて7からひく　一の位の9をおろす　19÷3から，一の位に6をたてる　3と6をかけて19からひくとあまりの1が出る

(1) 4)92　(2) 3)50　(3) 7)91

(4) 5)84　(5) 3)86　(6) 6)96

(7) 3)72　(8) 4)73

上級レベル 80

わり算の筆算 (1)★

勉強した日 〔 月 日〕

時間 20分	とく点
合かく 35点	50点

1 つぎの筆算(ひっさん)をしなさい。(2点×6)

(1) 4)28　(2) 3)24　(3) 8)56

(4) 6)36　(5) 9)72　(6) 7)42

2 つぎの筆算をしなさい。(2点×6)

(1) 3)20　(2) 5)47　(3) 8)58

(4) 7)43　(5) 4)30　(6) 6)19

3 つぎの筆算(ひっさん)をしなさい。(2点×9)

(1) 2)36　(2) 3)75　(3) 4)65

(4) 4)76　(5) 8)94　(6) 2)57

(7) 5)75　(8) 3)46　(9) 6)77

4 68 cm のテープがあります。**4 cm ずつ切っていくと，4 cm のテープは何本できますか。**(8点)

勉強した日〔　　月　　日〕

時間 20分	とく点
合かく 40点	50点

標準レベル 81 わり算の筆算 (2)★

1 れいにならって，わり算を筆算でしなさい。（3点×4）

れい　65÷3

```
    21
 3)65
   6
   --
    5
    3
   --
    2
```

(1) $4\overline{)87}$　(2) $2\overline{)62}$

(3) $3\overline{)38}$　(4) $4\overline{)84}$

2 れいにならって，わり算を筆算でしなさい。（3点×5）

れい　584÷4

```
   146
 4)584
   4
   ---
   18
   16
   ---
    24
    24
    --
     0
```

(1) $2\overline{)391}$　(2) $6\overline{)744}$

(3) $5\overline{)847}$　(4) $3\overline{)639}$　(5) $2\overline{)805}$

3 れいにならって，わり算を筆算でしなさい。（4点×4）

れい　169÷3

```
    56
 3)169
   15
   ---
    19
    18
    --
     1
```

(1) $3\overline{)268}$　(2) $5\overline{)370}$

(3) $4\overline{)391}$　(4) $4\overline{)208}$

4 キャンディーが756こあります。6こずつふくろに入れていくと，何ふくろできますか。（7点）

上級レベル 82

わり算の筆算 (2)★

1回 20回 40回 60回 80回 100回 120回 GOAL

勉強した日〔　月　日〕

時間 30分	とく点
合かく 35点	50点

1 つぎの筆算をしなさい。(2点×9)

(1) $3\overline{)48}$　(2) $4\overline{)58}$　(3) $5\overline{)65}$

(4) $6\overline{)90}$　(5) $7\overline{)75}$　(6) $9\overline{)99}$

(7) $6\overline{)76}$　(8) $8\overline{)93}$　(9) $4\overline{)96}$

2 70ページの漢字ドリルを毎日6ページずつ練習すると，全部終えるのに何日かかりますか。(4点)

3 つぎの筆算をしなさい。(3点×6)

(1) $4\overline{)735}$　(2) $7\overline{)506}$　(3) $6\overline{)675}$

(4) $4\overline{)813}$　(5) $9\overline{)365}$　(6) $5\overline{)800}$

4 3年生は138人です。7人ずつのグループに分けると，何グループできて，何人あまりますか。(5点)

5 690Lの水があります。この水を4L入る水そうに分けていくと，4Lの水が入った水そうが何こできて，水が何Lのこりますか。(5点)

83 最上級レベル 11

勉強した日 〔　月　日〕

時間 30分	とく点
合かく 40点	/50点

1 つぎの計算をしなさい。（2点×4）

(1) $\frac{3}{4}+\frac{1}{4}$　(2) $\frac{5}{7}+\frac{4}{7}$

(3) $\frac{7}{8}-\frac{3}{8}$　(4) $1-\frac{5}{6}$

2 つぎの計算をしなさい。（2点×4）

(1) 0.8+0.6　(2) 1.7+1.6

(3) 3−1.4　(4) 6.1−4.7

3 つぎの□にあてはまる数を書きなさい。（3点×4）

(1) 8600 mL=□L

(2) 3 dL=□L

(3) 3.4 km=□m

(4) 0.5 kg=□g

4 つぎの筆算(ひっさん)をしなさい。（3点×4）

(1) 3)51　(2) 7)88

(3) 4)748　(4) 7)924

5 78 cm のリボンがあります。3 cm ずつ切っていくと，**3 cm のリボンは全部(ぜんぶ)で何本できますか。**（5点）

□

6 おり紙が 130 まいあります。このおり紙を 1 人に 6 まいずつ配(くば)っていきます。**何人に配れて，何まいあまりますか。**（5点）

□

1回 20回 40回 60回 80回 100回 120回 GOAL

勉強した日 〔　　月　　日〕

時間 30分	とく点
合かく 40点	50点

84 最上級レベル 12

1 つぎの計算をしなさい。（2点×4）

(1) $\frac{2}{9}+\frac{8}{9}$　　(2) $\frac{4}{5}+\frac{3}{5}$

(3) $\frac{5}{3}-\frac{2}{3}$　　(4) $\frac{10}{7}-\frac{6}{7}$

2 つぎの計算をしなさい。（2点×4）

(1) 12.3+3.8　　(2) 21.7+19.4

(3) 42.6−31.8　　(4) 23.1−17.3

3 つぎの□にあてはまる数を書きなさい。（3点×3）

(1) 180 cm＝□m

(2) 2 L 60 mL＝□dL

(3) 347 を 10 でわると□になります。

4 つぎの筆算（ひっさん）をしなさい。（3点×6）

(1) 4)95　　(2) 6)84

(3) 6)784　　(4) 3)978

(5) 4)815　　(6) 3)903

5 カードが 432 まいあります。3 人に同じ数ずつ配（くば）ると，1 人に何まいずつ配れますか。（3点）

6 ボールが 700 こあります。6 チームに同じ数ずつ配ると，1 チームに何こずつ配れて，何こあまりますか。（4点）

勉強した日〔　月　日〕

時間 20分　合かく 40点　とく点 ／50点

標準レベル 85 表とグラフ (1)

1 右の表(ひょう)は，ようこさんの学年でいちばんすきなくだものを調(しら)べたものです。**このとき，つぎの問(と)いに答えなさい。**（4点×3）

すきなくだもの

くだもの	人数（人）	
いちご	正 止	
みかん	正 正 丁	
メロン	止	
すいか	下	
その他(た)	正 下	

(1) 正の字を数字になおして，表に書きなさい。

(2) すきな人が２番目に多いくだものは何ですか。

(3) ようこさんの学年の人数は，何人ですか。

2 右のぼうグラフは，ただしさんの学年で，着(き)ている服(ふく)の色を調べたものです。**このとき，つぎの問いに答えなさい。**（5点×4）

着ている服の色
（人）
15
10
5
0
青　赤　白　黄　その他

(1) どの色の服を着ている人がいちばん多いですか。

(2) 黄色の服を着ている人は，何人ですか。

(3) 青色の服を着ている人は，赤色の服を着ている人より何人多いですか。

(4) ただしさんの学年の人数は，何人ですか。

3 右の表は，３年生が住(す)んでいる場所(ばしょ)を調べて，１つの表にまとめたものです。**つぎの問いに答えなさい。**（6点×3）

３年生が住んでいる場所（人）

場所＼組	１組	２組	３組	合計
東　町	8	10	9	
西　町	7	7	3	
南　町	6	5	4	
北　町	12	8	14	
合　計				

(1) 表のあいているところに，あてはまる数を書きなさい。

(2) ３年２組の人数は，何人ですか。

(3) ３年生で南町に住んでいる人は，何人ですか。

1回 20回 40回 60回 80回 100回 120回 GOAL

勉強した日［　月　日］

上級レベル 86 表とグラフ (1)

時間 20分	とく点
合かく 35点	50点

1 下の表は，3年1組，2組，3組で，すきなくだものを調べたものです。**つぎの問いに答えなさい。**

すきなくだもの(1組)

くだもの	人数(人)
バナナ	5
メロン	11
りんご	6
いちご	7
その他	2
合　計	31

すきなくだもの(2組)

くだもの	人数(人)
バナナ	7
メロン	6
りんご	10
いちご	9
その他	1
合　計	33

すきなくだもの(3組)

くだもの	人数(人)
バナナ	4
メロン	10
りんご	9
いちご	8
その他	2
合　計	33

(1) 上の表を右の表にまとめなさい。(8点)

すきなくだもの　(人)

くだもの＼組	1組	2組	3組	合計
バナナ				
メロン				
りんご				
いちご				
その他				
合　計				ア

(2) 3年生全体で，すきな人がいちばん多いくだものは何ですか。(6点)

(3) 右の表で，アのところに入る人数は，何を表していますか。(6点)

2 みきさんの組ですきなスポーツを調べたら，下の表のようになりました。**つぎの問いに答えなさい。**

すきなスポーツ

スポーツ	人数(人)
サッカー	10
野　球	8
水　泳	
ドッジボール	5
その他	3
合　計	32

すきなスポーツ

(人) 10 5 0

(1) 水泳がすきな人は何人ですか。(5点)

(2) 右上のぼうグラフをかきなさい。(10点)

3 右の表は，図書館でどんな本が何さつかりられたか調べたものです。**つぎの問いに答えなさい。**

図書館でかりられた本（さつ）

本＼月	4月	5月	6月	合計
物　語	12		21	48
図かん	4	7		24
ざっし	18	14	14	
まんが	16		23	
合　計		49		

(1) 表のあいているところに，あてはまる数を書きなさい。(10点)

(2) 5月は，どんな本がいちばん多くかりられていますか。(5点)

勉強した日 〔　月　日〕

時間 20分　合かく 40点　とく点 ／50点

標準レベル 87 表とグラフ (2)

1 つぎのぼうグラフで，1目もりが表している大きさと，ぼうが表している大きさを答えなさい。（3点×4）

(1) (人) 100, 50, 0

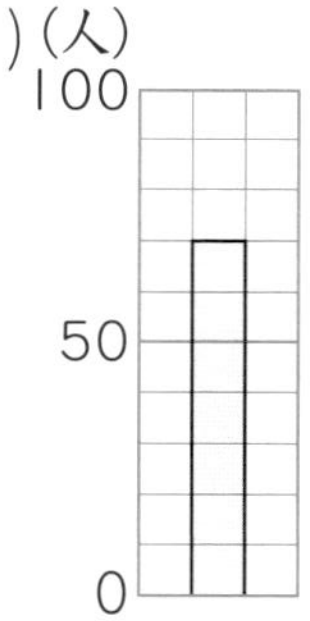

1目もり

ぼう

(2) 0, 500 (m)

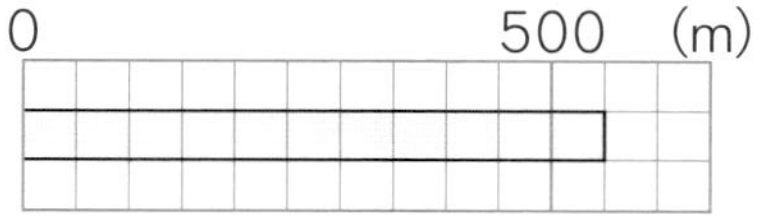

1目もり

ぼう

2 右のグラフはたかしさんが先週，本を読んだ時間を表したものです。つぎの問いに答えなさい。

本を読んだ時間 (分) 0, 30, 60
月 火 水 木 金 土 日

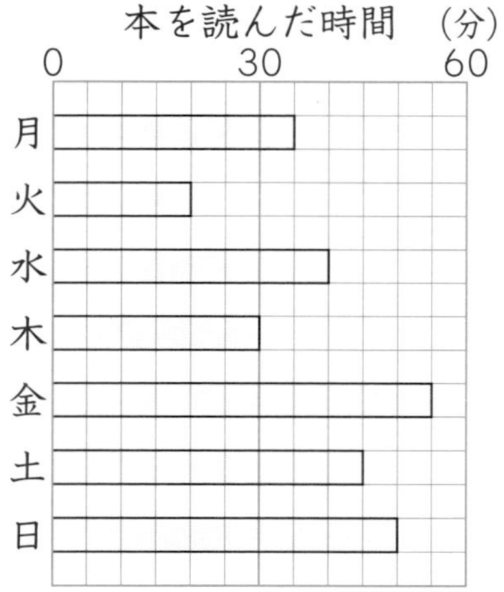

(1) 横の1目もりは何分を表していますか。（4点）

(2) 月曜日と金曜日では本を読んだ時間はどちらが何分長いですか。（4点）

(3) 先週本を読んだ時間はあわせて何時間何分ですか。（5点）

3 下の図は，1組と2組ですきなきゅう食を調べてグラフに表したものです。つぎの問いに答えなさい。（5点×5）

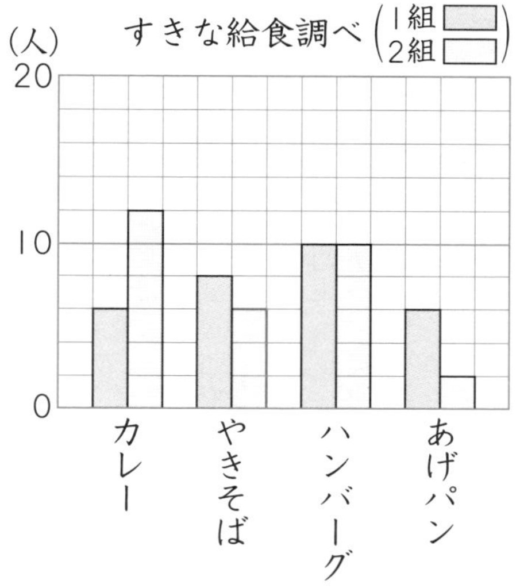

すきな給食調べ（1組 / 2組）
(人) 20, 10, 0
カレー　やきそば　ハンバーグ　あげパン

(1) 1組でカレーがすきな人は何人ですか。

(2) 1組には全部で何人いますか。

(3) やきそばがすきな人は1組と2組をあわせて何人ですか。

(4) 1組のほうが2組よりすきな人が多いきゅう食を全部書きなさい。

(5) 1組と2組をあわせると，すきな人数がいちばん多いきゅう食は何ですか。

上級レベル 88

表とグラフ (2)

勉強した日〔　月　日〕

時間 20分　合かく 35点　とく点　／50点

1 右のグラフは，くだもののねだんを表したものです。**つぎの問いに答えなさい。** (6点×2)

(円)くだもののねだん

(1) すいかはいちごより何円高いですか。

(2) メロンとすいかといちごを全部買うと何円ですか。

2 下の表は，ゆうかさんの家からの道のりを表しています。これをぼうグラフに表します。**つぎの問いに答えなさい。**

場所	道のり (m)
学校	400
図書館	550
公園	650
駅	350
スーパー	200

家からの道のり (m)

(1) ア，イ，ウに目もりの数を書きなさい。(6点)

(2) のこりの場所とぼうグラフをかいて，グラフをかんせいさせなさい。(10点)

3 1組と2組で，それぞれすきなくだものと人数を調べてグラフに表しました。**つぎの問いに答えなさい。**

(人) すきなくだもの(1組)

(人) すきなくだもの(2組)

(1) 1組より2組のほうがすきな人が多いくだものを全部書きなさい。(6点)

(2) 1組と2組をあわせると，すきな人がいちばん多いくだものは何ですか。(6点)

(3) 調べたことをひとつのグラフで表します。グラフをかんせいさせなさい。(10点)

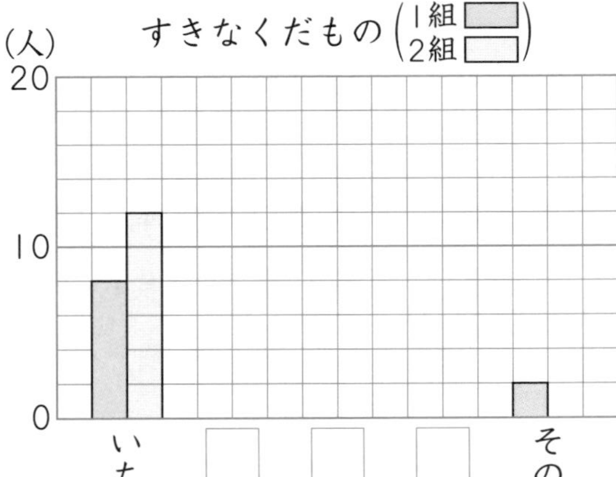

標準レベル 89

表を使った問題

1回 20回 40回 60回 80回 100回 120回 GOAL

勉強した日〔　月　日〕

時間 20分　合かく 40点　とく点 　／50点

1 50円切手と100円切手をあわせて6まい買います。50円切手，100円切手のまい数と代金を表にまとめました。**つぎの問いに答えなさい。**

(1) 表のあいているところにあてはまる数を書きなさい。（3点×4）

50円切手のまい数(まい)	0	1	2	3	4	5	6
100円切手のまい数(まい)	6	5	4	3	2	1	0
代金(円)	600	550					300

(2) 代金は400円でした。50円切手と100円切手をそれぞれ何まい買いましたか。（8点）

50円切手 ＿＿，100円切手 ＿＿

2 32人のクラスで，まん点が10点の計算テストをしました。そのけっかを表にまとめました。**つぎの問いに答えなさい。**（6点×2）

とく点(点)	0	1	2	3	4	5	6	7	8	9	10
人数(人)	0	0	0	1		4	6	3	7		6

(1) 4点の人と9点の人をあわせると何人ですか。

(2) 7点，8点，9点，10点の人が合かくで，合かくだった人が19人いました。4点の人は何人ですか。

3 まと当てゲームを10回して，そのけっかを表にしました。**あいているところにあてはまる数を書きなさい。**（3点×6）

まとの点数(点)	0	5	10	15	20	
当たった回数(回)			5	2		全部で10回
とく点(点)		0		30		全部で120点

1回 20回 40回 60回 80回 100回 120回

上級レベル 90 表を使った問題

勉強した日〔　月　日〕

時間 20分	とく点
合かく 35点	50点

1 たかしさんのクラスできょうだいを調べたところ，兄がいる人が15人，姉がいる人が12人，どちらもいる人が4人，どちらもいない人が11人いました。**つぎの問いに答えなさい。**

(1) 右の表のあいているところにあてはまる数を書きなさい。（3点×5）

きょうだい調べ　（人）

		兄 いる	兄 いない	合計
姉	いる	4		12
姉	いない		11	
合計		15		

(2) クラスの人数は何人ですか。（5点）

(3) 姉がいて兄がいない人は何人いますか。（5点）

(4) 兄がいない人は何人いますか。（5点）

2 つぎのように数をならべた表があります。**つぎの問いに答えなさい。**（5点×2）

	1列目	2列目	3列目	4列目	5列目	……
1行目	1	8	9	16	17	……
2行目	2	7	10	15	18	……
3行目	3	6	11	14	19	……
4行目	4	5	12	13	20	……

(1) 1行目の6列目の数は何ですか。

(2) 3行目の9列目の数は何ですか。

3 30円切手と50円切手をあわせて10まい買います。**つぎの問いに答えなさい。**（5点×2）

(1) 5まいずつ買うと，代金はいくらになりますか。

(2) 代金が440円のとき，30円切手と50円切手をそれぞれ何まい買いましたか。

30円切手　　，50円切手　　

1回 20回 40回 60回 80回 100回 120回 GOAL

勉強した日 〔　月　日〕

時間 25分	とく点
合かく 40点	50点

標準レベル 91 文章題とっくん (1)

1 つぎの問いに答えなさい。（5点×2）

(1) 3年生の男子は196人，女子は207人です。男子と女子をあわせると何人ですか。

(2) ゆうとさんは，本を84ページ読みました。まだ，158ページのこっています。この本は，全部で何ページありますか。

2 つぎの問いに答えなさい。（5点×2）

(1) 500円を持って買い物に行きました。128円のシュークリームと265円のケーキを買いました。あと何円のこっていますか。

(2) りかさんと妹は，おり紙でつるをおっています。りかさんは462羽おりました。2人あわせると648羽です。妹は何羽おりましたか。

3 つぎの問いに答えなさい。（6点×5）

(1) まさおさんは，弟にカードを87まいあげたので，今，154まい持っています。はじめに何まい持っていましたか。

(2) 118円のあんパンと168円のジュースを買いました。代金はあわせて何円ですか。

(3) ひさしさんは，432ページある本を読んでいます。まだ，296ページのこっています。何ページ読みましたか。

(4) ふじ山の高さは3776m，東京スカイツリーの高さは634mです。ちがいは何mですか。

(5) みちこさんの身長は126cmです。妹の身長はみちこさんより18cmひくいそうです。妹の身長は何cmですか。

上級レベル 92 文章題とっくん (1)

勉強した日 〔　月　日〕

時間 25分	とく点
合かく 35点	/50点

1 つぎの問いに答えなさい。(5点×2)

(1) まきさんは，色紙を何まいかもらいました。そのうち，18まいを弟にあげたので，のこりは37まいになりました。まきさんは，色紙を何まいもらいましたか。

(2) 上下2さつに分かれている本があります。上は265ページ，下は193ページあります。あわせて何ページになりますか。

2 つぎの問いに答えなさい。(6点×2)

(1) つばささんは，だがし屋さんで，15円のあめ玉と，28円のガムと，アイスクリームを買って100円はらいました。アイスクリームは何円ですか。

(2) 今日，水族館に入ったのは，大人が578人，子どもが317人です。あと何人で1000人になりますか。

3 つぎの問いに答えなさい。(7点×4)

(1) 980円の本を買います。416円しか持っていないので，お母さんから600円もらいました。本を買ったあと，のこっているのは何円ですか。

(2) 公園で，男子が26人，女子が18人遊んでいます。あとから何人か遊びにきたので，みんなで50人になりました。あとからきたのは何人ですか。

(3) ひろみさんは，おはじきを何こか持っていました。姉から28こもらい，妹に40こあげたので，のこりが32こになりました。ひろみさんは，はじめに何こ持っていましたか。

(4) 1500 mLまで入るポットにいくらか水が入っています。216 mL入るコップで水をポットに入れると，1ぱい目は全部入り，2はい目を入れているとちゅうでポットがいっぱいになりました。このときコップには水が84 mLのこっていました。はじめにポットに入っていた水は何mLですか。

1回 20回 40回 60回 80回 100回 120回 GOAL

勉強した日〔　月　日〕

標準レベル 93

文章題とっくん (2)

時間 25分	とく点
合かく 40点	50点

1 つぎの問いに答えなさい。(5点×2)

(1) 7台のバスで遠足に行きます。1台のバスに54人乗っています。みんなで何人バスに乗っていますか。

(2) やすしさんはミニカーを6台持っています。兄はやすしさんの2倍，お父さんは兄の5倍持っています。お父さんはミニカーを何台持っていますか。

2 つぎの問いに答えなさい。(5点×2)

(1) りささんの組は32人です。4人ずつではんをつくると，はんはいくつできますか。

(2) 兄は54まいの切手を持っています。これは，弟の持っている切手のまい数の6倍にあたります。弟が持っている切手は，何まいですか。

3 つぎの問いに答えなさい。(6点×5)

(1) 24こ入りのガムのふくろが36ふくろあります。ガムは全部で何こありますか。

(2) クッキーが84こあります。1ふくろに6こずつ入れていきます。ふくろは何まいいりますか。

(3) 3年生は98人います。1こ185円のケーキを1人に1こずつ配ります。ケーキの代金は全部で何円ですか。

(4) 18人にえん筆を5本ずつ，ボールペンを3本ずつ配ります。えん筆とボールペンは，あわせて何本いりますか。

(5) 赤い色紙3まいと，青い色紙4まいを1人分にして，何人かに配りました。色紙は全部で63まいいりました。何人に配りましたか。

1回 20回 40回 60回 80回 100回 120回

上級レベル 94 文章題とっくん (2)

勉強した日〔　月　日〕

時間 25分	とく点
合かく 35点	50点

1 つぎの問いに答えなさい。（5点×2）

(1) 1辺の長さが36 cmの正方形があります。この正方形のまわりの長さは何cmですか。

(2) 345円のハンカチが50円安く売られていました。このハンカチを6まい買いました。代金は何円ですか。

2 つぎの問いに答えなさい。（5点×2）

(1) ゆみこさんはおはじきを40こ持っています。妹は8こ持っています。ゆみこさんは妹の何倍持っていますか。

(2) みかんが80こあります。3こずつふくろに入れていくと，何ふくろできて，何こあまりますか。

3 つぎの問いに答えなさい。（6点×5）

(1) プールで25 mを18回泳ぎました。合計何m泳ぎましたか。

(2) 84ページの本があります。毎日同じページずつ読んで，1週間で読み終えるには，1日何ページずつ読めばよいですか。

(3) キャンディー3こを1セットにして，120円で売られています。このセットを2セットずつ，9人に配れるように買います。キャンディーの代金は何円ですか。

(4) 1人につき，えん筆を1本と画用紙を1まいずつ買います。1本78円のえん筆と，1まい16円の画用紙を，36人分買いました。代金は全部で何円ですか。

(5) 12まい入りのおり紙が3ふくろあります。4人で同じ数ずつ分けると，おり紙は1人何まいになりますか。

1回　20回　40回　60回　80回　100回　120回　GOAL

勉強した日〔　月　日〕

時間 25分	とく点
合かく 40点	50点

標準レベル 95 文章題とっくん (3)

1 つぎの問いに答えなさい。（5点×2）

(1) みさきさんは，120円のノートを8さつと980円の本を買いました。代金は全部で何円になりますか。

(2) ジュースが35 dL入ったびんが7本と25 dL入ったびんが1本あります。ジュースはあわせて何dLありますか。

2 つぎの問いに答えなさい。（5点×2）

(1) 95円のノートを3さつと消しゴムを1こ買ったら，代金は全部で450円になりました。消しゴムは何円ですか。

(2) 1こ240円のりんごを6こ買って，ふくろに入れてもらったら，代金は全部で1500円になりました。ふくろの代金は何円ですか。

3 つぎの問いに答えなさい。（6点×5）

(1) ゆうかさんは，1日に28ページずつ本を読んでいます。毎日同じページずつ1週間読みましたが，まだ34ページのこっています。この本は全部で何ページですか。

(2) ひろしさんは，1分間に70回なわとびをとびます。12分間とびつづけましたが，今日の予定の回数には160回たりませんでした。ひろしさんは，今日は何回とぶ予定でしたか。

(3) 1Lが800gの油6Lを500gのかんに入れました。重さは全部で何kg何gになりますか。

(4) 80Lの水を，65 dL入るバケツに入れていくと12このバケツに入り，まだ水がのこっていました。のこっている水は何dLですか。

(5) ある数を8でわると，答えは7であまりは5になります。ある数はいくつですか。

1回 20回 40回 60回 80回 100回 120回 GOAL

勉強した日〔　　月　　日〕

時間 25分	とく点
合かく 35点	50点

上級レベル 96 文章題とっくん (3)

1 つぎの問いに答えなさい。(5点×2)

(1) 1こ125円のみかん15こと，1こ288円のりんご12こを買いました。代金は全部で何円ですか。

(2) 1本500 mLのお茶が入ったペットボトルが28本と，1本350 mLのお茶が入ったかんが16本あります。お茶は全部で何L何dLありますか。

2 つぎの問いに答えなさい。(5点×2)

(1) 860円のくだものと，ケーキ3こを買うと，代金は1580円でした。ケーキ1こは何円ですか。

(2) 170をある数でわると，答えは7であまりは2になりました。170をいくつでわりましたか。

3 つぎの問いに答えなさい。(6点×5)

(1) けんたさんの持っているお金で，1さつ98円のノート8さつと1こ58円の消しゴム3こを買ったら，ちょうどお金がなくなりました。けんたさんは，何円持っていましたか。

(2) さきさんは，きのう1ページ8問の問題集を15ページときました。今日は1ページ12問の問題集を28ページときました。あわせて何問ときましたか。

(3) 258このボールを，1箱に8こずつ，30箱につめていきました。ボールは何こあまりましたか。

(4) 381まいのおり紙を12人に同じまい数ずつ配りました。1人に28まいずつ配ると，おり紙は何まいあまりますか。

(5) 780gのお茶の葉を9つのふくろに同じ重さずつ分けて入れると，24gあまりました。1ふくろに何gずつ入れましたか。

1回 20回 40回 60回 80回 100回 120回 GOAL

97 最上級レベル 13

勉強した日 〔　月　日〕

時間 25分　合かく 40点　とく点 ／50点

1 つぎの問いに答えなさい。(6点×2)

(1) 兄は 84 まいの切手を持っています。これは，弟の持っているまい数の 6 倍にあたります。弟が持っている切手は，何まいですか。

(2) 5 人に，みかんを 3 こずつ，りんごを 4 こずつ配ります。合計で何こ配りますか。

2 つぎの問いに答えなさい。(6点×3)

(1) 525 円のくつ下を 70 円安く売っていました。このくつ下を 7 足買いました。代金は何円ですか。

(2) 1 こ 365 円のケーキを 11 こ買って，5000 円さつを出しました。おつりは何円ですか。

(3) 18 人のバレーボールチーム全員にパンとジュースを持っていきます。1 人分は，パンが 130 円でジュースが 70 円です。チーム全員分のパンとジュースのねだんの合計は何円になりますか。

3 下の表は，3 年生の男女べつの人数を組ごとに調べてまとめたものです。つぎの問いに答えなさい。(5点×4)

3 年生の男女べつの人数　(人)

男女＼組	1 組	2 組	3 組	4 組	合計
男　子	16	15		17	
女　子	15	18	14		62
合　計	31		32		

(1) 3 年 2 組の人数は何人ですか。

(2) 3 年 4 組の女子は何人ですか。

(3) 3 年生の男子の人数は，全部で何人ですか。

(4) 3 年生の人数は，全部で何人ですか。

98 最上級レベル 14

1回 20回 40回 60回 80回 100回 120回 GOAL

勉強した日〔　　月　　日〕

時間 25分	とく点
合かく 40点	50点

1 右のぼうグラフは，ある図書館で１週間にかし出された本のさっ数を調べてまとめたものです。**つぎの問いに答えなさい。**（5点×3）

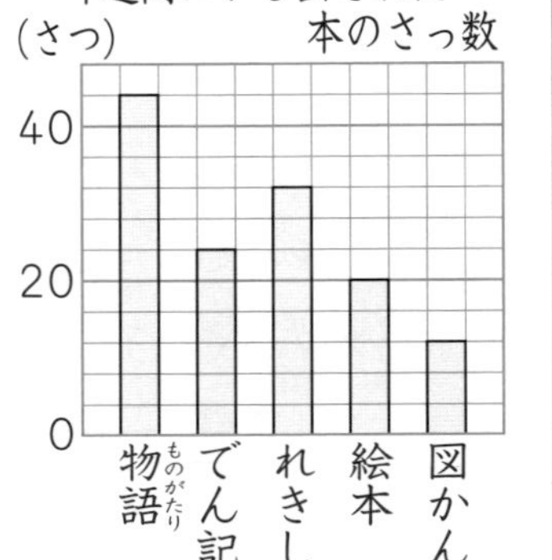

(1) グラフのたてじくの１目もりは，何さつを表していますか。

(2) でん記は何さつかし出されましたか。

(3) かし出されたさっ数がいちばん多かった本といちばん少なかった本のちがいは，何さつですか。

2 **つぎの問いに答えなさい。**

(1) みゆきさんは，色紙を何まいかもらいました。そのうち，18まいを妹にあげたので，のこりは53まいになりました。みゆきさんは，色紙を何まいもらいましたか。（6点）

(2) 消しゴム４こを１セットにして，120円で売られています。このセットを２セットずつ，14人に配ります。消しゴムは全部で何こになりますか。（6点）

(3) ある数を８でわると，答えは９であまりは４になります。ある数はいくつですか。（5点）

3 下のように数をならべた表があります。**つぎの問いに答えなさい。**（6点×3）

	１列目	２列目	３列目	４列目	５列目	６列目	７列目
１行目	1	2	3	4	5	6	7
２行目	14	13	12	11	10	9	8
３行目	15	16	17	18	19	20	21
４行目	28	27	26	25	24	23	22
⋮	⋮	⋮	⋮	⋮	⋮	⋮	⋮

(1) ５行目の３列目の数は何ですか。

(2) ６行目の２列目の数は何ですか。

(3) 50は何行目の何列目にありますか。

1回 20回 40回 60回 80回 100回 120回 GOAL

標準レベル 99

文章題とっくん (4) (植木算)

勉強した日 [　月　日]	
時間 25分	とく点
合かく 40点	/50点

1 つぎの問いに答えなさい。(4点×2)

(1) ひまわりを5本，間を30 cmにして1列に植えました。両はしのひまわりの間は，何cmですか。

(2) まっすぐな道にそって，15 mごとに電柱があります。この電柱の1本目から20本目まで走りました。何m走りましたか。

2 40 cmのテープ3本をつなぎます。**つなぎ目を2 cmにするとき，つぎの問いに答えなさい。**(4点×2)

(1) つなぎ目は，いくつできますか。

(2) 全体の長さは何cmですか。

3 運動場に円がかいてあります。円のまわりにそって6 mごとに，はたがちょうど10本ならんでいます。**円のまわりの長さは，何mですか。**(4点)

4 つぎの問いに答えなさい。(6点×5)

(1) 運動場に子どもが18人1列にならんでいます。子どもと子どもの間は，どこも1 mです。はじめの子どもから終わりの子どもまで，何mありますか。

(2) 1本のテープを30 cmずつはさみで切っていくと，あまりがなく切れました。はさみで切った回数は14回です。もとのテープの長さは，何m何cmですか。

(3) 長さ50 cmのテープ8本を，それぞれ，はしから3 cmずつのりをつけてつなぎました。全体の長さは何cmになりましたか。

(4) 25 cmのテープ6本をつなぎます。つなぎ目を同じ長さにすると，つないだあとの全体の長さは140 cmでした。つなぎ目1つの長さは何cmですか。

(5) まるい形をした池のまわりに，5 mおきにヤナギの木を植えたら，ちょうど30本植えることができました。この池のまわりの長さは，何mですか。

勉強した日〔　　月　　日〕

時間 25分	とく点
合かく 35点	50点

文章題とっくん (4) (植木算)

1 長さ 140 m の道にそって，はたを 1 列(れつ)に，4 m おきに立てていきます。両(りょう)はしにも，はたを立てます。**つぎの問(と)いに答えなさい。**（4点×2）

(1) はたとはたの間は，いくつありますか。

(2) はたは何本いりますか。

2 同じ長さのテープが 9 本あります。つなぎ目を 1 cm にすると全体(ぜんたい)の長さは 64 cm になりました。**つぎの問いに答えなさい。**（3点×4）

(1) つなぎ目は，いくつできますか。

(2) つなぎ目の長さは，あわせて何 cm ですか。

(3) テープ 9 本分の長さは何 cm ですか。

(4) はじめのテープ 1 本の長さは何 cm ですか。

3 **つぎの問いに答えなさい。**（6点×5）

(1) 長さが 112m の道に 8 本の木を，同じ間をあけて植(う)えます。両はしにも木を植えるとき，木と木の間は何 m にすればよいですか。

(2) 長さ 8 cm のミニカー 12 台を 1 列にならべます。ミニカーとミニカーの間を 15 cm あけると，1 台目のミニカーの前から 12 台目のミニカーの後ろまで何 m 何 cm になりますか。

(3) 同じ長さのテープが 5 本あります。つなぎ目を 3 cm にすると全体の長さは 88 cm になりました。はじめのテープ 1 本の長さは何 cm ですか。

(4) 長さが 11 cm のリボンを，つなぎ目を 2 cm にしてつないだら，全体の長さが 1 m 55 cm になりました。リボンを何本つなぎましたか。

(5) 長方形の土地があります。そのまわりに 4 m ごとに木が植えてあります。4 つの角には木が植えてあり，たてには木が 6 本，横(よこ)には木が 8 本あります。この土地のまわりの長さは何 m ですか。

標準レベル 101

文章題とっくん (5)（和差算）

勉強した日〔　月　日〕

時間 25分	とく点
合かく 40点	/50点

1 兄と弟の持っているコインをあわせると50まいです。兄のほうが弟より10まい多く持っています。**つぎの問いに答えなさい。**（4点×3）

(1) 弟のコインを何まいふやすと，兄が持っているコインのまい数と同じになりますか。

(2) 兄が持っているコインのまい数は何まいですか。

(3) 弟が持っているコインのまい数は何まいですか。

2 みづきさんと妹は，あわせて640円持っています。みづきさんのほうが妹より100円多く持っています。**つぎの問いに答えなさい。**（5点×2）

(1) お母さんから妹に何円わたすと，みづきさんが持っているお金と妹が持っているお金が同じになりますか。

(2) 妹は何円持っていましたか。

3 つぎの問いに答えなさい。（7点×4）

(1) 大，小2つの数があります。この2つの数をたすと答えは60になります。2つの数のちがいは30です。2つの数は，それぞれいくつですか。

(2) きよしさんの乗ったジェットきの乗客の人数は265人で，そのうち，大人の人数は子どもの人数より163人多かったそうです。大人と子どもの人数は，それぞれ何人ですか。

大人　　　，子ども

(3) 長さ2mのテープを2つに切って分けます。長いほうが短いほうより30cm長くなるようにします。長いほうと短いほうを，それぞれ何cmにすればよいですか。

長いほう　　　，短いほう

(4) 昼が夜より2時間長い日があります。この日の昼と夜の長さは，それぞれ何時間ですか。

昼　　　，夜

1回 20回 40回 60回 80回 100回 120回

上級レベル 102 文章題とっくん (5) (和差算)

勉強した日〔　月　日〕

時間 25分	とく点
合かく 35点	/50点

1 兄と弟の持っているコインをあわせると 80 まいです。兄のほうが弟より 20 まい多く持っています。**つぎの問いに答えなさい。**（5点×2）

(1) 兄のコインを何まいへらすと，弟が持っているコインのまい数と同じになりますか。

(2) 弟が持っているコインのまい数は何まいですか。

2 ゆうこさんは，えん筆 2 本と消しゴム 1 こを買って 210 円はらいましたが，それぞれのねだんは，わすれました。えん筆 1 本のねだんは，消しゴム 1 このねだんより 30 円高かったことはおぼえています。**つぎの問いに答えなさい。**（5点×2）

(1) えん筆 3 本の代金は何円ですか。

(2) 消しゴム 1 このねだんは何円ですか。

3 **つぎの問いに答えなさい。**（6点×5）

(1) 大，小 2 つの数があります。この 2 つの数をたすと答えは 70 になります。2 つの数のちがいは 28 です。2 つの数は，それぞれいくつですか。

(2) このみさんの学校の 3 年生の人数は 108 人で，男子は女子より 8 人少ないそうです。男子の人数は何人ですか。

(3) きのうと今日の勉強時間をあわせると 3 時間 30 分です。今日の勉強時間はきのうより 20 分短かったそうです。今日の勉強時間は何時間何分ですか。

(4) ケーキ 2 ことジュース 1 本を買って 820 円はらいました。ケーキ 1 こはジュース 1 本より 260 円高いそうです。ケーキ 1 このねだんは何円ですか。

(5) ドーナツ 3 ことパン 2 こを買って 520 円はらいました。ドーナツ 1 こはパン 1 こより 40 円高いそうです。ドーナツ 1 このねだんは何円ですか。

標準レベル 103

文章題とっくん (6)（分配算）

1回 20回 40回 60回 80回 100回 120回 GOAL

勉強した日〔　月　日〕

時間 25分	とく点
合かく 40点	/50点

1 おさむさんはビー玉を15こ持っています。兄はおさむさんの3倍持っています。**つぎの問いに答えなさい。**（5点×2）

(1) 兄が持っているビー玉は何こですか。

(2) 2人が持っているビー玉をあわせると何こですか。

2 なおこさんはおはじきを46こ持っています。姉はなおこさんより14こ多く持っています。**つぎの問いに答えなさい。**（5点×2）

(1) 姉はおはじきを何こ持っていますか。

(2) 2人が持っているおはじきをあわせると，何こになりますか。

3 つぎの問いに答えなさい。（6点×5）

(1) ひろとさんはミニカーを26台持っています。兄はひろとさんの3倍持っています。2人あわせると，何台のミニカーを持っていますか。

(2) かなこさんはなわとびを68回とびました。妹はかなこさんより12回少ないです。2人あわせると，何回とんだことになりますか。

(3) ちほさんはあめを34こ持っています。姉はちほさんより8こ多く持っています。2人が持っているあめをあわせると，何こになりますか。

(4) まさきさんは本を25さつ持っています。兄はまさきさんより6さつ多く持っています。2人あわせると，本は何さつになりますか。

(5) あきらさんはジュースを350 mL飲みました。お父さんはあきらさんより150 mL多く飲みました。2人あわせて，ジュースを何mL飲みましたか。

上級レベル 104 文章題とっくん (6) (分配算)

勉強した日 [月 日]

時間 25分	とく点
合かく 35点	/50点

1 兄と弟の持っているコインをあわせると112まいです。兄は弟の3倍のまい数のコインを持っています。**つぎの問いに答えなさい。** (5点×2)

(1) 弟が持っているコインのまい数は，何まいですか。

(2) 兄が持っているコインのまい数は，何まいですか。

2 400円のお金を姉と妹の2人で分けます。姉は妹の2倍より50円少なくなるようにします。**つぎの問いに答えなさい。** (5点×2)

(1) 姉がもらうお金に何円たすと，妹がもらうお金の2倍になりますか。

(2) 姉がもらうお金は，何円ですか。

3 **つぎの問いに答えなさい。** (6点×5)

(1) ゆかさんと姉が持っているおり紙をあわせると240まいです。姉はゆかさんの2倍持っています。姉が持っているおり紙は何まいですか。

(2) れんさんと兄が持っているミニカーをあわせると130台です。兄はれんさんの4倍のミニカーを持っています。兄はミニカーを何台持っていますか。

(3) 2000円のお金を兄と弟の2人で分けるのに，兄は弟の4倍より200円少なくなるようにします。弟がもらうお金は何円ですか。

(4) 130このキャンディーをひろみさんとようたさんの2人で分けます。ひろみさんはようたさんの3倍より10こ多くなるように分けます。ひろみさんがもらうキャンディーは何こですか。

(5) ジュースを36dL買ってきました。としきさんが何dLか飲みました。のこっているジュースは飲んだジュースの3倍です。のこっているジュースは何dLですか。

勉強した日 〔　月　日〕

標準レベル 105

文章題とっくん (7)（年れい算）

時間 25分	とく点
合かく 40点	50点

1 さだおさんは240円，弟は160円持っていました。2人が同じねだんのえん筆を1本ずつ買ったら，さだおさんののこりのお金は弟ののこりのお金の3倍になりました。**つぎの問いに答えなさい。**（4点×3）

(1) さだおさんと弟ののこりのお金のちがいは，弟ののこりのお金の何倍になっていますか。

(2) 弟ののこりのお金は，何円ですか。

(3) えん筆のねだんは，何円ですか。

2 今，母は39才，子は9才です。今から何年後かに，母の年れいが子の年れいの3倍になります。**つぎの問いに答えなさい。**（5点×2）

(1) 母の年れいが子の年れいの3倍になるのは，子が何才のときですか。

(2) 母の年れいが子の年れいの3倍になるのは，今から何年後ですか。

3 つぎの問いに答えなさい。（7点×4）

(1) 姉は440円，妹は200円持っていました。2人が同じねだんのアイスクリームを1こずつ買ったら，姉ののこりのお金は妹ののこりのお金の3倍になりました。アイスクリーム1このねだんは何円ですか。

(2) ひできさんは800円，たかこさんは350円持っていました。2人が同じねだんのケーキを1こずつ買ったら，ひできさんののこりのお金はたかこさんののこりのお金の4倍になりました。ケーキ1このねだんは何円ですか。

(3) 兄は2400円，弟は1200円持っていました。2人が同じ金がくを出しあって，ボールを買ったら，兄ののこりのお金は弟ののこりのお金の4倍になりました。ボールのねだんは何円ですか。

(4) 今，父は34才，子は7才です。父の年れいが子の年れいの4倍になるのは，今から何年後ですか。

上級レベル 106

文章題とっくん (7) (年れい算)

1回 20回 40回 60回 80回 100回 120回 GOAL

勉強した日〔　月　日〕

時間 25分	とく点
合かく 35点	/50点

1 まさこさんは1100円，妹は300円持っていました。2人ともお母さんから同じがくのお金をもらったので，まさこさんのお金は妹のお金の3倍になりました。**つぎの問いに答えなさい。**（5点×2）

(1) 今，持っている2人のお金のちがいは，今，妹が持っているお金の何倍ですか。

(2) 今，まさこさんは何円持っていますか。

2 今，父は39才，子は15才です。今から何年か前に，父の年れいが子の年れいの3倍でした。**つぎの問いに答えなさい。**（6点×2）

(1) 父の年れいが子の年れいの3倍だったのは，子が何才のときですか。

(2) 父の年れいが子の年れいの3倍だったのは，今から何年前ですか。

3 **つぎの問いに答えなさい。**（7点×4）

(1) しょうたさんは2500円，弟は250円持っていました。2人ともお父さんから同じがくのお金をもらったので，しょうたさんのお金は弟のお金の4倍になりました。2人はお父さんから何円ずつもらいましたか。

(2) あきらさんは1350円，弟は250円持っていました。2人ともお母さんから同じがくのお金をもらったので，あきらさんのお金は弟のお金の3倍になりました。2人はお母さんから何円ずつもらいましたか。

(3) 今，母は42才，子は10才です。母の年れいが子の年れいの5倍だったのは，今から何年前ですか。

(4) 今，きみこさんは11才です。来年，おじさんの年れいがきみこさんの年れいの3倍になります。おじさんの年れいがきみこさんの年れいの5倍だったのは，今から何年前ですか。

勉強した日〔　月　日〕

時間 25分	とく点
合かく 40点	50点

標準レベル 107 文章題とっくん (8)（消去算）

1 ケーキ５ことジュース２本を買うと，代金(だいきん)は１３６０円です。同じケーキ４ことジュース２本を買うと，代金は１１２０円です。**つぎの問(と)いに答えなさい。**

(1) １３６０円と１１２０円のちがいは，ケーキ何こ分の代金ですか。（3点）

(2) ケーキ５この代金は何円ですか。（4点）

(3) ジュース１本のねだんは，何円ですか。（4点）

2 チョコレート２まいとガム２この代金は４４０円です。同じチョコレート２まいとガム７この代金は８９０円です。**つぎの問いに答えなさい。**

(1) ８９０円と４４０円のちがいは，ガム何こ分の代金ですか。（3点）

(2) ガム１このねだんは何円ですか。（4点）

(3) チョコレート１まいのねだんは何円ですか。（4点）

3 **つぎの問いに答えなさい。**（7点×4）

(1) びん２本分の水とコップ３ばいの水をあわせると９dLでした。びん２本分の水とコップ４はいの水をあわせると１０dLでした。びん１本，コップ１ぱいの水は，それぞれ何dLですか。

びん　　，コップ

(2) ノート１さつとえん筆(ぴつ)１本の代金は２００円です。同じノート１さつとえん筆３本の代金は３６０円です。ノート１さつ，えん筆１本のねだんは，それぞれ何円ですか。

ノート　　，えん筆

(3) ５このりんごをかごに入れてもらうと，代金はかご代とあわせて４５０円でした。８このりんごを同じかごに入れてもらうと，代金は６６０円でした。りんご１このねだんとかご代は，それぞれ何円ですか。

りんご　　，かご代

(4) 動物園(どうぶつえん)の入園りょうは，大人２人と子ども５人で８００円で，大人２人と子ども３人では６４０円です。大人１人，子ども１人の入園りょうはそれぞれ何円ですか。

大人　　，子ども

1回 20回 40回 60回 80回 100回 120回

勉強した日〔　月　日〕

時間 25分	とく点
合かく 35点	50点

上級レベル 108 文章題とっくん (8) (消去算)

1 ノート2さつと消し(け)ゴム1この代金(だいきん)は280円です。同じノート6さつと消しゴム2この代金は720円です。**つぎの問(と)いに答えなさい。**(5点×3)

(1) ノート4さつと消しゴム2この代金は何円ですか。

(2) ノート1さつのねだんは何円ですか。

(3) 消しゴム1このねだんは何円ですか。

2 りんご3ことみかん2この代金は1080円で，りんご2ことみかん4この代金は1040円です。**つぎの問いに答えなさい。**

(1) りんご6ことみかん4この代金は何円ですか。(5点)

(2) りんご1こ，みかん1このねだんは，それぞれ何円ですか。(3点×2)

りんご　　，みかん

3 **つぎの問いに答えなさい。**

(1) アイスクリーム2ことあめ1こを買うと210円です。同じアイスクリーム3ことあめ2こを買うと340円です。アイスクリーム1ことあめ1このねだんは，それぞれ何円ですか。(4点×2)

アイスクリーム　　，あめ

(2) 旅行(りょこう)に行ったとき，しょうたさんはキーホルダー3こと絵はがき2まいを買って1500円はらいました。弟は，同じキーホルダー2こと絵はがき1まいを買って990円はらいました。キーホルダー1こ，絵はがき1まいのねだんは，それぞれ何円ですか。(5点×2)

キーホルダー　　，絵はがき

(3) ジュース12本とケーキ1こを買うと，代金は1200円になります。ケーキ1このねだんは，ジュース4本の代金と同じです。ケーキ1このねだんは何円ですか。(6点)

1回 20回 40回 60回 80回 100回 120回 GOAL

勉強した日 〔　月　日〕

標準レベル 109 文章題とっくん (9)（周期算）

時間 20分	とく点
合かく 40点	50点

1 ●と■がつぎのようにならんでいます。**つぎの問いに答えなさい。**（4点×6）

●●■■■●●■■■●●■■■……

(1) □にあてはまる数を書きなさい。

① ●が□こと■が□このくり返しになっています。

② はじめから37番目までかくと，くり返しが□回あって，そのあとに●が2こつづきます。だから，37番目は●です。

(2) はじめから40番目は，●と■のどちらですか。

□

(3) はじめから40番目までに，■は何こありますか。

□

(4) はじめから48番目までに，■は何こありますか。

□

2 つぎのように「1，2，1，1，2，2」の6つの数がくり返しならんでいます。**つぎの問いに答えなさい。**（4点×4）

1，2，1，1，2，2，1，2，1，1，2，2，……

(1) 36番目の数は何ですか。

□

(2) 39番目の数は何ですか。

□

(3) 39番目までに，1は何こありますか。

□

(4) 39番目までの数を全部たすと，いくつになりますか。

□

3 今日が日曜日とすると，1日後は月曜日，2日後は火曜日，3日後は水曜日とつづいていきます。**つぎの問いに答えなさい。**（5点×2）

(1) 21日後は何曜日ですか。

□

(2) 30日後は何曜日ですか。

□

上級レベル 110 文章題とっくん (9) (周期算)

勉強した日 〔　　月　　日〕

時間 20分	とく点
合かく 35点	50点

1 ○と●がつぎのようにならんでいます。**つぎの問いに答えなさい。** (4点×6)

○○●●○●○○○●●○●○○○●●○●○……

(1) 何こずつのくり返しですか。

○が　　　こ，●が　　　こ

(2) 28 番目は，○と●のどちらですか。

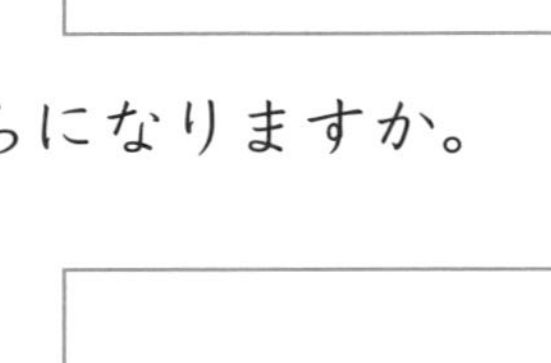

(3) 28 番目までに，○は何こありますか。

(4) 54 番目は，○と●のどちらですか。

(5) 54 番目までに，○は何こありますか。

(6) ○の 20 番目は，はじめから何番目にありますか。

2 つぎのように数がくり返しならんでいます。**つぎの問いに答えなさい。** (4点×4)

1, 2, 1, 3, 1, 1, 2, 1, 3, 1, 1, 2, 1, 3, 1, ……

(1) 47 番目の数は何ですか。

(2) 47 番目までに，1 は何こありますか。

(3) 40 番目までの数を全部たすと，いくらになりますか。

(4) 何番目までの数を全部たすと，60 になりますか。

3 今日は 1 月 5 日で日曜日です。**つぎの問いに答えなさい。** (5点×2)

(1) 1 月 30 日は何日後ですか。

(2) 1 月 30 日は何曜日ですか。

1回 20回 40回 60回 80回 100回 120回 GOAL

111 最上級レベル 15

勉強した日〔　月　日〕

時間 25分	とく点
合かく 40点	/50点

1 つぎの問い（と）に答えなさい。（5点×4）

(1) 先生の後ろに 3 m ずつ間をあけて，まっすぐに子どもが 10 人行進しています。先生といちばん後ろの子どもとは，何 m はなれていますか。

(2) りささんはおり紙でつるを 24 羽おりました。姉はりささんの 2 倍（ばい），お母さんはりささんの 5 倍おりました。3 人あわせて何羽おりましたか。

(3) 今，父は 35 才，子は 8 才です。父の年れいが子の年れいの 4 倍になるのは，今から何年後ですか。

(4) もも 1 ことなし 2 こを買うと 360 円です。もも 1 ことなし 1 こを買うと 280 円です。もも 1 このねだんは，何円ですか。

2 つぎの問いに答えなさい。（6点×5）

(1) 運動場（うんどうじょう）に，まわりの長さが 48 m の円をかいて，その線の上に 8 人の子どもが同じ間をあけてならびました。子どもと子どもの間は何 m あけましたか。

(2) 長さが 10 cm のリボンを，つなぎ目を 2 cm にしてつないだら，全体（ぜんたい）の長さが 2 m 18 cm になりました。リボンを何本つなぎましたか。

(3) ケーキ 2 ことジュース 1 本を買って 760 円はらいました。ケーキ 1 こはジュース 1 本より 260 円高いそうです。ケーキ 1 このねだんは何円ですか。

(4) アイスクリーム 2 ことあめ 1 こを買うと 500 円です。同じアイスクリーム 3 ことあめ 2 こを買うと 760 円です。アイスクリーム 1 ことあめ 1 このねだんは，それぞれ何円ですか。

アイスクリーム［　　］，あめ［　　］

(5) 今日が火曜日とすると，30 日後は何曜日ですか。

1回 20回 40回 60回 80回 100回 120回

112 最上級レベル 16

勉強した日〔　月　日〕

時間 25分	とく点
合かく 40点	/50点

1 つぎの問いに答えなさい。（5点×4）

(1) 大，小２つの数があります。この２つの数をたすと答えは70になります。２つの数のちがいは20です。２つの数は，それぞれいくつですか。

(2) あきなさんと姉が持っているおり紙をあわせると126まいです。姉はあきなさんの２倍持っています。姉が持っているおり紙は何まいですか。

(3) あつしさんは1300円，弟は200円持っていました。２人ともお母さんから同じがくのお金をもらったので，あつしさんのお金は弟のお金の３倍になりました。２人はお母さんから何円ずつもらいましたか。

(4) 長さ７cmのミニカーを18台１列にならべます。ミニカーとミニカーの間を112cmあけると，１台目のミニカーの前から18台目のミニカーの後ろまで何m何cmになりますか。

2 つぎの問いに答えなさい。（6点×5）

(1) 同じ長さのテープが10本あります。つなぎ目を４cmにすると全体の長さは２m44cmになりました。はじめのテープ１本の長さは何cmですか。

(2) 3000円のお金を兄と弟の２人で分けるのに，兄は弟の４倍より500円少なくなるようにします。弟がもらうお金は何円ですか。

(3) 今，ゆうきさんは７才，兄は12才です。兄の年れいがゆうきさんの年れいの２倍だったのは，今から何年前ですか。

(4) 同じ重さのケーキ８こをお皿にのせて重さをはかったら2280gありました。２こ食べてから重さをはかったら1980gになりました。お皿だけの重さは何gですか。

(5) つぎのように「1，4，2，8，5，7」の６つの数字がくり返しならんでいます。

1，4，2，8，5，7，1，4，2，8，5，7，1，…

25番目までの数を全部たすと，いくつになりますか。

勉強した日 〔　　月　　日〕

1回 20回 40回 60回 80回 100回 120回 GOAL

113 仕上げテスト ①

時間 20分	とく点
合かく 40点	50点

1 次の計算をしなさい。（2点×8）

(1) 45÷5　　(2) 52÷6

(3) 49÷7　　(4) 64÷9

(5) 30×8　　(6) 70×40

(7) 800÷4　　(8) 360÷6

2 つぎの□の中にあてはまる数をもとめなさい。（4点×3）

(1) 高さ 30 cm の台の上にあつさ□cm の本を 6 さつ重(かさ)ねてのせると，本と台をあわせた高さは 78 cm になります。

(2) □まいの画用紙を 7 人に 8 まいずつ分けると，3 まいあまります。

(3) あるクラスのじどうを 6 人ずつのグループに分けると，5 つのグループができて 2 人あまりました。このクラスのじどうを□人ずつのグループに分けると，ちょうど 8 つのグループができます。

3 200 このおはじきを 9 人に 15 こずつ分けました。のこりのおはじきを 7 人に同じ数ずつ分けると，1 人何こずつになって，何こあまりますか。（6点）

4 長さが 12 cm のテープ 6 まいを，のりしろを 5 cm にしてつなぎあわせました。つないだテープ全体(ぜんたい)の長さは何 cm になりますか。（6点）

5 黒石と白石を，あるきまりにしたがってならべていきます。つぎの問(と)いに答えなさい。（5点×2）

●○○●●○○●○○●●○○●○○●●○○●○…

(1) 左から 58 番目の石は黒石ですか，白石ですか。

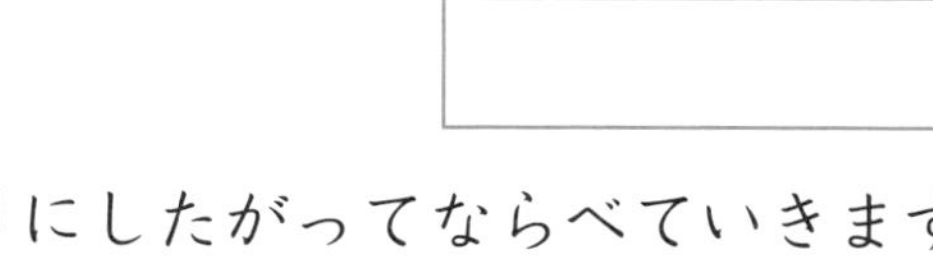

(2) 石を全部(ぜんぶ)で 58 こならべたとき，黒石の数は何こですか。

114 仕上げテスト ②

1回 20回 40回 60回 80回 100回 120回

勉強した日〔　月　日〕

時間 20分	とく点
合かく 40点	50点

1 1学期，2学期，3学期に学校をけっせきした3年生の人数を組ごとにまとめて，表にしました。**つぎの問いに答えなさい。**

けっせきした3年生の人数　（人）

	1学期	2学期	3学期	合計
1組	ア	イ	28	ウ
2組	8	10	エ	33
3組	オ	20	16	51
4組	7	カ	9	28
合計	38	58	キ	ク

(1) 表のア〜クにあてはまる数を書きなさい。（2点×8）

(2) 2組の1学期から3学期にけっせきした人数をぼうグラフにしました。1学期のぼうの長さが24 cmのとき，3学期のぼうの長さは何cmですか。（5点）

(3) 1学期にけっせきした人数がいちばん多い組は，いちばん少ない組より，けっせき者が何人多いですか。（5点）

2 右の図のように，たての長さが24 cmの箱に同じ大きさのボールがすき間がないように入っています。**つぎの問いに答えなさい。**（6点×2）

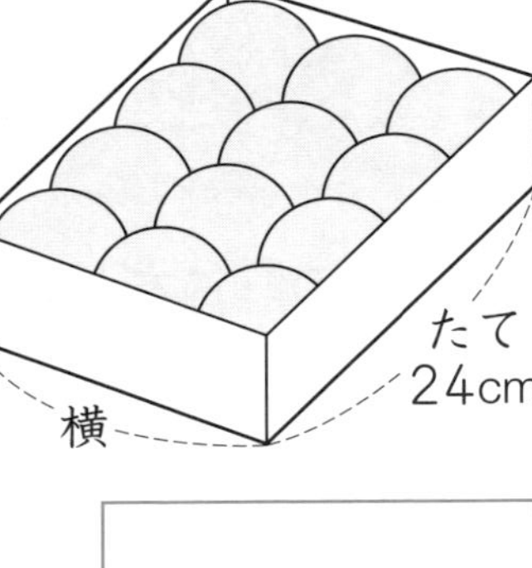

(1) 箱の横の長さは何cmですか。

(2) すき間がないように入れると，ちょうど2だんになるような小さいボールを同じ箱に入れます。この箱に小さいボールは何こ入りますか。

3 直径が8 cmの円を図のようにならべてかいていきます。**つぎの問いに答えなさい。**（6点×2）

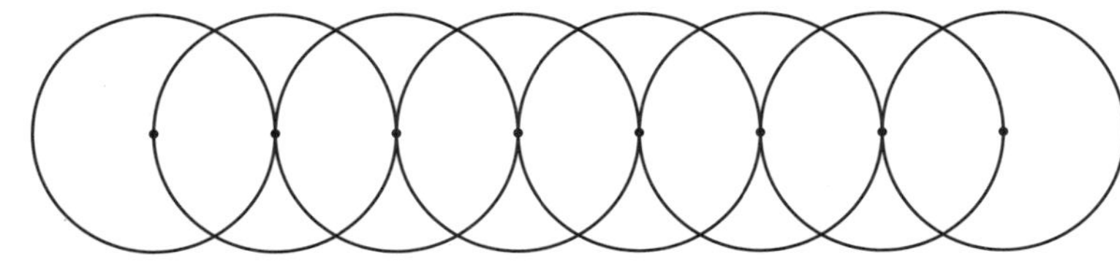

(1) 円を10こならべてかいたとき，いちばん左の円の中心からいちばん右の円の中心までの長さは何cmですか。

(2) いちばん左の円の中心からいちばん右の円の中心までの長さが84 cmになるのは，円を何こならべてかいたときですか。

1回 20回 40回 60回 80回 100回 120回

115 仕上げテスト ③

勉強した日〔　月　日〕

時間 20分	とく点
合かく 40点	50点

1 つぎの計算をしなさい。（4点×5）

(1)

	時間	分
	8	25
+	1	37

(2)

	時間	分
	5	12
−	3	38

(3) 2 m 7 cm+385 cm=□cm

(4) 5 km−15000 cm=□m

(5) 8 L 2 dL−39 dL=□dL

2 今日，お父さんはまさこさんより 15 分おそく起きました。お母さんはお父さんより 35 分早く，6 時 50 分に起きました。**つぎの問いに答えなさい。**（4点×2）

(1) お母さんはまさこさんより，何分早く起きましたか。

(2) まさこさんが起きた時こくは何時何分ですか。

3 かずおさんの 1 歩は 50 cm，兄の 1 歩は 85 cm です。**2 人が 60 歩ずつ歩くと，兄はかずおさんより何 m 多く進みますか。**（4点）

4 たかしさんの学校のじゅぎょう時間は 40 分で，じゅぎょうとじゅぎょうの間に 15 分の休みがあります。1 時間目のじゅぎょうは 8 時 30 分に始まります。**これについて，つぎの問いに答えなさい。**（4点×2）

(1) 4 時間目のじゅぎょうが終わるのは，1 時間目のじゅぎょうが始まって，何時間何分後ですか。

(2) 4 時間目のじゅぎょうが終わるのは，何時何分ですか。

5 ある日の日の出は午前 6 時 20 分，日の入りは午後 5 時 30 分でした。**つぎの問いに答えなさい。**（5点×2）

(1) この日の昼の長さは何時間何分ですか。

(2) この日の昼と夜の長さをくらべると，どちらが何時間何分長いですか。

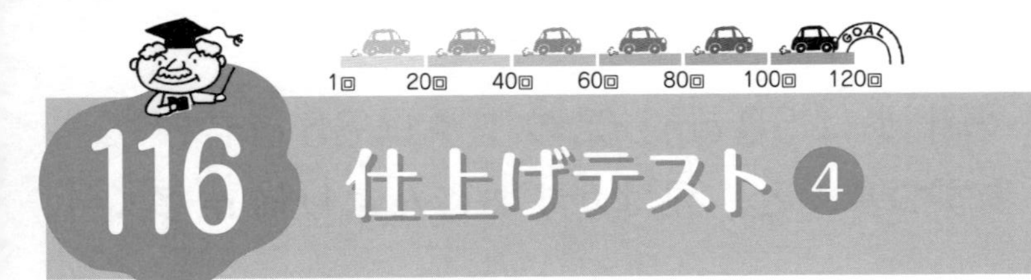

116 仕上げテスト ④

勉強した日 〔　月　日〕

時間 20分	とく点
合かく 40点	50点

1 **つぎの□にあてはまる数を書きなさい。** (3点×4)

(1) □+2487=10157

(2) □−3725=7285

(3) 10218−□=325

(4) 10000−2715−□=509

2 **つぎの□にあてはまる数字を書きなさい。** (4点×2)

(1)

	5	□	4
+	□	8	7
□	0	7	□

(2)

	□	0	□	8
−	3	□	5	□
	1	4	6	3

3 [0], [2], [4], [6], [8] の5まいのカードを使(つか)って5けたの数をつくります。**2番目に大きい数から2番目に小さい数をひくといくつですか。** (5点)

□

4 **次の数を数字で書きなさい。** (5点×2)

(1) 1200万より，850万小さい数

□

(2) 10万を25こ，1000を1800こ集(あつ)めた数

□

5 ふみさんの町の人口は8425人で，女の人の人数が男の人の人数より625人多いそうです。**ふみさんの町の男の人の人数は何人ですか。** (5点)

□

6 服(ふく)とかばんを買うと12550円で，かばんとくつを買うと10200円で，くつと服を買うと13250円です。**つぎの問(と)いに答えなさい。** (5点×2)

(1) 服とかばんとくつを買うと何円ですか。

□

(2) くつは何円ですか。

□

117 仕上げテスト ⑤

1回 20回 40回 60回 80回 100回 120回 GOAL

勉強した日〔　月　日〕

時間 20分	とく点
合かく 40点	50点

1 つぎの計算をしなさい。わり切れないものは，あまりも出しなさい。（4点×6）

(1) 753×8

(2) 190×6

(3) 509×5

(4) $4032 \div 8$

(5) $730 \div 7$

(6) $3651 \div 4$

2 1つの箱(はこ)に大きいりんごは6こ，小さいりんごは8こ入ります。**大きいりんご130こと小さいりんご165こを全部(ぜんぶ)箱に入れます。箱は何こあればよいですか。**ただし，大きいりんごと小さいりんごを同じ箱には入れません。（5点）

□

3 つぎの□にあてはまる数を書きなさい。（4点×2）

(1)

	2	3	□
×		□	5
1	□	9	5
□	1	□	
8	3	6	5

(2)

		□	3	□
	×		□	8
	6	□	5	6
□	3	2	□	
3	9	9	3	6

4 子どもと大人あわせて50人が遊園地(ゆうえんち)に行きました。子どもは大人より18人多くいます。**つぎの問(と)いに答えなさい。**（4点×2）

(1) 大人は何人いますか。

□

(2) 遊園地のりょう金は大人が800円，子どもが500円です。50人が遊園地に入るには，何円いりますか。

□

5 105mのケーブルが6本あります。このケーブルを7mの長さにペンチで切り分けます。**6本のケーブルを全部7mに切り分けるとき，ペンチは全部で何回使(つか)いますか。**（5点）

□

118 仕上げテスト ⑥

勉強した日〔　　月　　日〕

時間 20分	とく点
合かく 40点	50点

1 つぎの計算をしなさい。（5点×2）

(1) 100 g×5＋4.7 kg＝□ g

(2) 3.7 t－2800 kg＝□ t

2 つぎのように数をならべた表があります。つぎの問いに答えなさい。（6点×3）

	1列目	2列目	3列目	4列目	5列目
1行目	1	2	3	4	5
2行目	6	7	8	9	10
3行目	11	12	13	14	15
4行目	16	17	18	19	20
⋮	⋮	⋮	⋮	⋮	⋮

(1) 6行目の2列目にある数は何ですか。

(2) 48は，何行目の何列目にありますか。

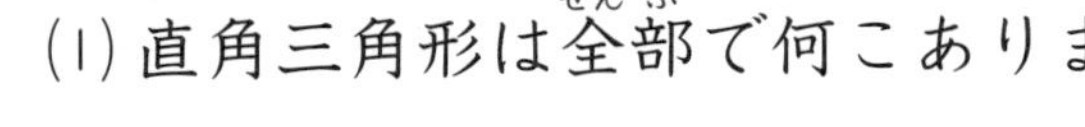

(3) 89の上にある数と，89の下にある数をたすと，いくつになりますか。

3 箱に同じ重さのボールを5こ入れて重さをはかると330 gでした。この箱に同じ重さのボールを8こ入れて重さをはかると480 gになりました。**箱の重さは何 g ですか。**（6点）

4 長さが5 cmと12 cmの竹ひごがあります。もう1本の竹ひごを用意して，3本の竹ひごで二等辺三角形をつくります。**何 cm の長さの竹ひごを用意すればいいですか。**（6点）

5 右の図について，問いに答えなさい。（5点×2）

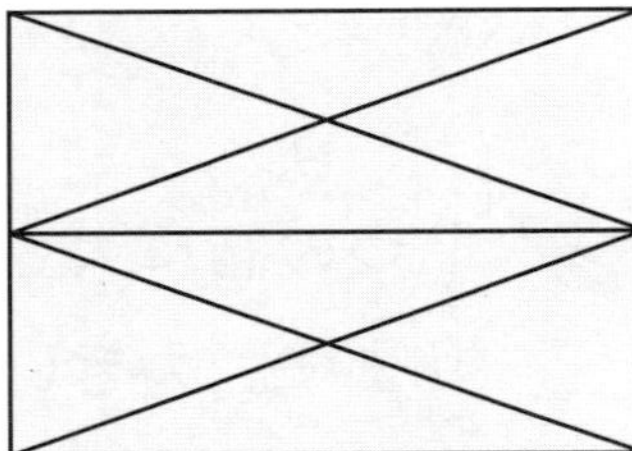

(1) 直角三角形は全部で何こありますか。

(2) 二等辺三角形は全部で何こありますか。

119 仕上げテスト ⑦

1回 20回 40回 60回 80回 100回 120回 GOAL

勉強した日〔　月　日〕

時間 20分	とく点
合かく 40点	50点

1 つぎの計算をしなさい。(5点×4)

(1) $\frac{7}{11}-\frac{2}{11}+\frac{4}{11}-\frac{6}{11}$　(2) $1-\frac{2}{13}-\frac{5}{13}-\frac{1}{13}$

(3) $7.5-3.7+1.6$　(4) $8-2.5-4.6$

2 1本1.4 mのロープを3本つないで長いロープをつくります。むすび目にロープを0.2 m使(つか)うとすると，ロープを3本つないだときの長さは何mになりますか。(5点)

3 ペットボトルにジュースが入っています。ゆかさんは3 dL，姉はゆかさんより$\frac{1}{10}$L多く飲(の)んだら，のこりが0.5 Lになりました。はじめに，ペットボトルには何Lのジュースが入っていましたか。(5点)

4 ある数から$\frac{1}{7}$をひいて，$\frac{3}{7}$をたす計算を，まちがって$\frac{1}{7}$をたして，$\frac{3}{7}$をひいたので，答えが$\frac{2}{7}$になりました。これについて，つぎの問(と)いに答えなさい。(5点×2)

(1) ある数はいくつですか。

(2) 正しい答えはいくつですか。

5 つぎのように分数があるきまりでならんでいます。つぎの問いに答えなさい。(5点×2)

$\frac{1}{2}$, $\frac{1}{3}$, $\frac{2}{3}$, $\frac{1}{4}$, $\frac{2}{4}$, $\frac{3}{4}$, $\frac{1}{5}$, $\frac{2}{5}$, $\frac{3}{5}$, ……

(1) 左から20番目は，どんな分数ですか。

(2) $\frac{7}{10}$は左から何番目の分数ですか。

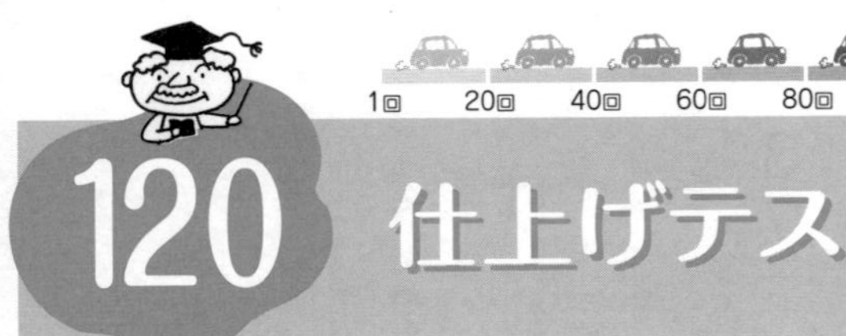

120 仕上げテスト 8

勉強した日 [月 日]

時間 20分	とく点
合かく 40点	50点

1 まなぶさんと兄はあわせて 180 まいのカードを持っていました。まなぶさんが，兄から 20 まいカードをもらったので，2人の持っているカードのまい数が同じになりました。**はじめにまなぶさんは何まいのカードを持っていましたか。**（7点）

2 まわりの長さが 60 cm で，たての長さが横の長さより 8 cm 長い長方形があります。**この長方形のたての長さは何 cm ですか。**（7点）

3 右の図のようなリングを 8 こつないだら，全体の長さが 68 cm になりました。**リングの内がわの直径は何 cm ですか。**（8点）

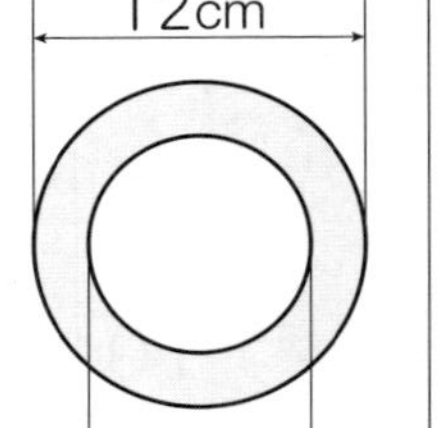

4 ある年の 2 月 25 日は火曜日でした。この年はうるう年ではありません。**つぎの問いに答えなさい。**（7点×2）

(1) この年の 3 月に土曜日は何回ありますか。

(2) この年の 8 月 10 日は何曜日ですか。

5 1 つの辺の長さがすべて 4 cm の六角形のタイルを，下の図のようにならべていきます。**つぎの問いに答えなさい。**（7点×2）

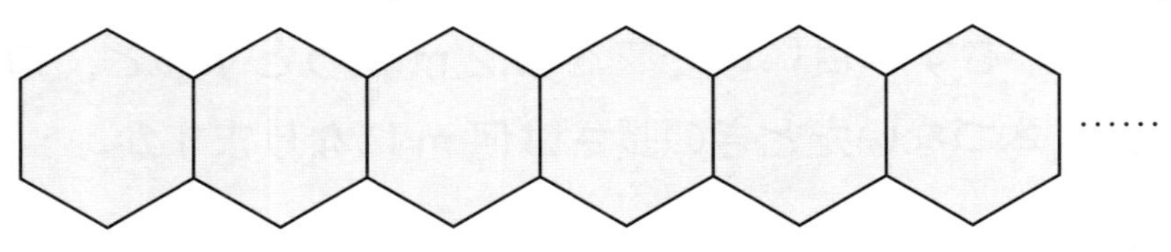

(1) タイルを 10 まいならべたとき，タイルのまわりの長さは何 cm になりますか。

(2) タイルのまわりの長さが 216 cm になるのは，タイルを何まいならべたときですか。

解答と解説

標準レベル 1 かけ算

解答

❶ (1)28 (2)15 (3)16 (4)36
(5)0 (6)0

❷ (1)8 (2)9 (3)6 (4)0 (5)4 (6)7

❸ 12まい

❹ 48こ

❺ 35問

❻ 23円

解説

❶ (5)(6)0にどんな数をかけても，答えは0である。また，どんな数に0をかけても，答えは0である。

❷ (1)かけ算では，かけられる数とかける数のじゅん番を入れかえても，答えは同じである。かけ算をして，かける数とかけられる数を入れかえても，答えが同じになることをたしかめよう。

(5)かけ算で「かける数」が1大きくなると，答えはかけられる数だけ大きくなる。かける数が7から8になって1大きくなっているので，答えはかけられる数の4だけ大きくなる。

4×8=4×7+4

(6)「かける数」が1小さくなると，答えはかけられる数だけ小さくなる。

❸ 1人に3まいずつ，4人にあげたので，
3×4=12(まい)となる。

❹ 8こずつのったお皿が6まいあるので，
8×6=48(こ) となる。

❺ 1日に5問，7日間練習をしたので，
5×7=35(問)となる。

❻ 5円玉3まいで 5×3=15(円)
また，1円玉8まいで 1×8=8(円)
あわせると，15+8=23(円)

上級レベル 2 かけ算

解答

❶ (1)54 (2)35 (3)56 (4)64
(5)63 (6)24

❷ (1)4 (2)3 (3)0 (4)8 (5)5 (6)8

❸ 32人

❹ 28円

❺ 74こ

❻ 76人

解説

❷ (2)数の中には，何通りかの九九で表すことができるものがある。答えが18になる九九は，
2×9，3×6，6×3，9×2 の4通りある。
(3)0×2=0 なので，5に何をかけると0になるかを考える。どんな数に0をかけても，答えは0である。

❸ 1台に4人ずつ，8台に乗って行ったので，
4×8=32(人) となる。

❹ おつりは，出したお金から代金をひいてもとめる。
8円のおかし9この代金は，
8×9=72(円)
おつりは，100−72=28(円)

❺ 6こ入りのパン3ふくろには，6×3=18(こ)，
8こ入りのパン7ふくろには，8×7=56(こ) のパンが入っている。
あわせて，18+56=74(こ)

❻ 4人がけのいすには，4×7=28(人)，
6人がけのいすには，6×8=48(人) すわれる。
あわせて，28+48=76(人) すわれる。

標準レベル 3 わり算(1)

解答

❶ (1)6 (2)6 (3)9 (4)3
(5)4 (6)9 (7)1 (8)1

❷ (1)6 (2)9 (3)7 (4)5
(5)8 (6)6

❸ 3人

❹ 9こ

❺ 3倍

❻ 9 cm

解説

❶ 九九をもとにして考えよう。
(1)3に何をかけると18になるか，九九の3のだんを使って考えよう。
(7)わられる数とわる数が同じわり算の答えは1になる。

❷ 九九をもとにして考えよう。
(1)何に4をかけると24になるか考えよう。
(2)6に何をかけると54になるか考えよう。
かけられる数とかける数のどちらをもとめるときでも考え方は同じである。

❸ 12このクッキーを1人に4こずつ分けるので，
12÷4=3(人) に分けることができる。

❹ 63このあめを7人で同じ数ずつ分けるので，1人分は，63÷7=9(こ) になる。

❺ 何倍になっているかをもとめるときは，わり算をする。
24÷8=3(倍)

❻ 正方形の4つの辺は同じ長さである。正方形のまわりの長さは4つの辺をあわせた長さと同じなので，まわりの長さ36 cmを4でわると1つの辺の長さがもとめられる。

上級レベル 4 わり算(1)

解答

1. (1)7 (2)6 (3)6 (4)5 (5)7 (6)7 (7)8 (8)6
2. (1)2 (2)4 (3)3 (4)9 (5)1 (6)4
3. 9人
4. 3こ
5. 5倍
6. 27 cm

解説

1 九九をもとにして考えよう。

2 (1)56÷7=8 である。何に4をかけると8になるかを考える。
(2)32を何でわると8になるか考える。8に何をかけると32になるか考えることと同じである。

3 72このりんごを1人に8こずつ分けるので，72÷8=9(人) に分けることができる。

4 まず，チョコレートが全部で何こあるか考えよう。
1ふくろに6こずつ，4ふくろ買ってきたので，全部で 6×4=24(こ) あることがわかる。それを同じ数ずつ分けるので，チョコレートの数を人数でわり算すると1人分の数がもとめられるから，24÷8=3(こ)
このように計算を2回にわけて考えるとわかりやすくなる。

5 白石の数は，48−8=40(こ)
「白石が黒石の何倍か」をもとめるので，
(白石の数)÷(黒石の数)という式をつくる。

6 問題文をよく読んで計算のじゅん番を考えよう。本を7さつつんだときの高さが21 cmなので，まずわり算で1さつ分の高さをもとめると，21÷7=3(cm)
9さつつんだときの高さは，1さつの高さの9倍になるので，かけ算でもとめることができる。

標準レベル 5 わり算(2)

解答

1. (1)30 (2)20 (3)20 (4)10 (5)2 (6)6 (7)0 (8)0
2. (1)12 (2)21 (3)41 (4)22 (5)24 (6)34
3. 20人
4. 30まい
5. 12たば
6. 20円

解説

1 (1)60を「10のかたまりが6この集まり」と考える。6÷2=3 から「10のかたまり3こ」が答えになる。
(4)10のかたまりが4こあり，4でわるので4÷4=1 から，答えは10となる。
(5)1でわるときの答えはわられる数と同じである。
(7)0はいくつでわっても答えは0になる。

2 (1)24を20と4に分けて考える。
20÷2=10，4÷2=2 とそれぞれ計算してあわせた数が答えになる。十の位の数と一の位の数をそれぞれわり算すると考えるとよい。

3 40このケーキを1人に2こずつ分けるので，40÷2=20(人) に分けられる。

4 90÷3=30(まい)

5 36÷3=12(たば)

6 先にえん筆の代金をもとめる。持っていたお金からのこったお金をひくとえん筆の代金となるので，
120−40=80(円)
これはえん筆4本の代金なので，1本のねだんは，
80÷4=20 (円)となる。

上級レベル 6 わり算(2)

解答

1. (1)40 (2)10 (3)40 (4)8 (5)0 (6)1 (7)32 (8)44
2. (1)2 (2)1 (3)3 (4)1 (5)0 (6)9
3. 20本
4. 12 dL
5. 23ページ
6. 23まい

解説

1 (1)〜(3)10のかたまりと考えて，十の位の数をわり算して0をつけると答えになる。
(4)〜(6)1でわる計算と0をわる計算の意味をつかもう。

2 (1)90÷3=30 なので，60をいくつでわると30になるか考える。3のだんの九九で 3×2=6 なので，60÷2=30 で，□にあてはまる数は2である。
(5)8×0=0，0はどんな数でわっても答えは0である。

3 80÷4=20(本)

4 まずdLで表すと，3 L=30 dL
飲んだあとのジュースは，30−6=24(dL)
2本のびんに等しく分けるので，24÷2=12(dL)

5 のこりのページ数は，145−76=69(ページ)
これを同じページ数ずつ3日間で読むので，
69÷3=23(ページ) ずつ読むことになる。

6 はじめの2まいのふくろに入れた玉の数は，
3×2=6(こ)
のこりのふくろに入れた玉の数は，
90−6=84(こ)
1つのふくろに4こずつ入れたので，のこりのふくろの数は，84÷4=21(まい)
全部のふくろの数は，21+2=23(まい)

標準レベル 7 0のつくかけ算

解答

❶ (1) 60 (2) 240 (3) 280 (4) 300
(5) 120 (6) 120 (7) 630 (8) 100

❷ (1) 800 (2) 1200 (3) 700 (4) 3600
(5) 2000 (6) 4000

❸ 280円

❹ 360人

❺ 1580円

❻ 1660円

解説

❶ (1) 30×2は「10のかたまり3こを2倍(ばい)して，10のかたまり6こ分」と考える。
3×2=6，0を1つつけて答えは60である。
(2) 6×4=24，0を1つつけて答えは240である。
(5) 2×60と60×2を計算した答えは同じである。
(8) 2×5=10，0を1つつけて答えは100である。

❷ (1) 200×4は「100のかたまり2こを4倍して，100のかたまり8こ分」と考える。
2×4=8，0を2つつけて答えは800である。
(2) 3×4=12，0を2つつけて答えは1200である。
(5) 5×4=20，0を2つつけて答えは2000である。

❸ おつりは，出したお金から代金(だいきん)をひく。
80×9=720(円)，1000−720=280(円)

❹ それぞれのベンチにすわる人数をもとめる。
4×30=120(人)，3×80=240(人)
これらをあわせて，120+240=360(人)

❺ 500×3=1500(円)，10×8=80(円)
1500+80=1580(円)

❻ えん筆(ぴつ)8本の代金は，60×8=480(円)
ノート6さつの代金は，200×6=1200(円)
持(も)っているお金はこの合計より20円少ないので，
480+1200−20=1660(円)

上級レベル 8 0のつくかけ算

解答

❶ (1) 800 (2) 2700 (3) 300 (4) 6400
(5) 2000 (6) 1000

❷ (1) 6000 (2) 12000
(3) 7000 (4) 49000
(5) 60000 (6) 480000
(7) 10000 (8) 300000

❸ 3800円

❹ 32000円

❺ 160000円

❻ 196000円

解説

❶ かけられる数とかける数の0をのぞいてかけ算し，その答えにのぞいた数だけ0をつける。
(1) 2×4=8，8に0を2つつけて答えは800である。
(5) 4×5=20，0を2つつけて答えは2000である。

❷ (1)かけられる数の300から0を2つ，かける数の20から0を1つのぞくと，3×2=6
6に0を3つつけて答えは6000である。
(5) 3×2=6，0を4つつけて答えは60000である。
(7) 2×5=10，0を3つつけて答えは10000である。

❸ 90×20=1800(円)，50×40=2000(円)
あわせて，1800+2000=3800(円)

❹ 400×60=24000(円)，200×40=8000(円)
24000+8000=32000(円)

❺ 1ふくろのねだんは，50×4=200(円)
売れた代金は，200×800=160000(円)

❻ 安くしてもらう前の代金は，
3000×70=210000(円)
安くしてもらった分は，200×70=14000(円)
代金は，210000−14000=196000(円)

標準レベル 9 時こくと時間 (1)

解答

❶ (1) 180 (2) 2
(3) 260 (4) 600
(5) 1，40 (6) 1，25
(7) 3600 (8) 1，30

❷ (1) 秒(びょう) (2) 分
(3) 時間 (4) 分

❸ 9時55分

❹ 11時33分

❺ 30分

❻ 1時間30分

解説

❶ 1分=60秒，1時間=60分 である。
(1) 60×3=180(秒)
(3) 4分=240秒 なので，240+20=260(秒)
(6) 85−60=25(秒) なので，85秒=1分25秒
(7) 1時間=60分
60×60=3600 なので，60分は3600秒になる。

❷ 秒，分，時間の中から実(じっ)さいの場面(ばめん)にいちばんあうものをえらぶ。

❸ 9時15分+40分=9時55分

❹ 家を出た時こくは11時53分より20分前なので，
11時53分−20分=11時33分

❺ 7時20分から7時50分まで，50−20=30(分)かかる。

❻ 40分+50分=90分
60分+30分=90分なので，90分=1時間30分

上級レベル 10 時こくと時間 (1)

解答

1 (1) 1800 (2) 4，10
(3) 628 (4) 9，44
(5) 292 (6) 4800

2 (1) 13時 (2) 16時30分
(3) 21時47分 (4) 23時56分

3 11時35分

4 8時36分

5 35分

6 4時間30分

解説

1 1分=60秒，1時間=60分である。
(1) 60×30=1800(秒)
(2) 60×4=240(秒)
250−240=10(秒) なので，4分10秒になる。
(4) 60×9=540(秒)
584−540=44(秒) なので，9分44秒になる。
(6) 1時間=60分
60+20=80(分) で，60×80=4800(秒) になる。

2 午後の時こくを24時せいに直すには，12時間をたす。

3 60分になると1時間くり上がる。
10時50分+45分=10時95分 と考えて，95分を1時間35分に直す。
10時+1時間35分=11時35分

4 1時間を60分としてくり下げる。9時14分は8時74分と考える。
9時14分−38分=8時74分−38分=8時36分

5 家を出た時こくから8時まで20分で，8時から学校に着いた時こくまでは15分なので，
20+15=35(分)

標準レベル 11 時こくと時間 (2)

解答

1 (1) 3時間51分 (2) 41分47秒
(3) 3時間13分 (4) 15分15秒

2 (1) 6，43 (2) 14，55 (3) 1，6
(4) 4，12

3 9時41分

4 8時7分

5 1時間15分

6 8時間

解説

1 時間，分，秒，それぞれのたんいごとに計算をする。
(1) 2時間+1時間=3時間，34分+17分=51分なので，3時間51分。
(3) 4時間−1時間=3時間，28分−15分=13分なので，3時間13分。

2 時間，分，秒，それぞれのたんいごとに計算をする。
(3) 4時間−3時間=1時間，20分−14分=6分なので，1時間6分。

3 8時14分+1時間27分=9時41分

4 家を出る時こくは，8時25分より18分前の時こくなので，8時25分−18分=8時7分

5 午前9時25分から午前10時まで35分ある。午前10時から午前10時40分まで40分ある。35分+40分=75分=1時間15分

6 午後10時から午前0時まで2時間ある。午前0時から午前6時まで6時間ある。ねていた時間は，2+6=8(時間) である。時計を見ながら考えてみよう。

上級レベル 12 時こくと時間 (2)

解答

1 (1) 4時間4分 (2) 43分31秒
(3) 2時間16分 (4) 7分43秒

2 (1) 4，5 (2) 6，3 (3) 1，59
(4) 3，46

3 11時23分

4 7時50分

5 1時間33分

6 8時間35分

解説

1 分，秒はそれぞれ60ごとにくり上がったり，くり下がったりする。
(1) 2時間+1時間=3時間，36分+28分=64分なので，3時間64分=4時間4分
(3) 13分から57分はひけない。60分くり下げて73分−57分=16分 なので，2時間16分。

2 (4) 6時間24分−2時間38分
=5時間84分−2時間38分=3時間46分

3 8時45分+2時間38分=10時83分
=11時23分

4 15分から25分はひけないので，1時間を60分としてくり下げる。
8時15分−25分=7時75分−25分=7時50分

5 7時18分−5時45分=6時78分−5時45分
=1時間33分

6 午後9時35分から午前0時まで2時間25分ある。午前0時から午前6時10分まで6時間10分ある。
2時間25分+6時間10分=8時間35分

13 最上級レベル 1

解答

1 (1)6 (2)4 (3)0 (4)6
2 (1)30 (2)0 (3)13 (4)3600 (5)4900 (6)10000
3 (1)1200 (2)2, 30 (3)504 (4)205
4 (1)6時間12分 (2)40分14秒 (3)6時間47分 (4)15分8秒
5 72こ
6 23分
7 200円

解説

1 (1)4×3=12 だから，九九の2のだんで，12になるものをさがす。
2×6=12 なので，答えは6
(2)6×6=36 で，9×4=36 なので，答えは4
(3)0にどんな数をかけても，答えは0である。また，どんな数に0をかけても，答えは0である。
(4)3×8=24 で，6×4=24 なので，答えは6

2 (1)「10のかたまり9こを3でわると，10のかたまり3こになる」と考える。9÷3=3，0をつけて答えは30となる。
(2)0はいくつでわっても答えは0になる。
(3)39を30と9に分け，ぞれぞれわり算してからあわせて答えをもとめる。
30÷3=10，9÷3=3 なので，
10+3=13 となる。
(4)100のかたまり4こを9倍すると考える。
4×9=36，100が36こあるので，答えは3600である。400から0を2つのぞいてかけ算し，0を2つつけると答えになる。
(5)かけられる数の70から0を1つ，かける数の70からも0を1つのぞく。7×7=49，0をあわせて2つのぞいたので49に0を2つつけて，答えは4900
(6)5×2=10，0をあわせて3つのぞいたので，10に0を3つつけて，答えは10000

3 1時間=60分，1分=60秒のかん係を使って，たんいをなおす。
(1)60×20=1200(秒)
(2)60×2=120(秒)
150−120=30(秒) なので，150秒=2分30秒
(3)8分=480秒
480+24=504(秒) なので，8分24秒=504秒
(4)60×3=180(分)，180+25=205(分)

4 1時間を60分としたくり上がりやくり下がり，1分を60秒としたくり上がりやくり下がりを使って計算する。
(1)45分+27分=72分=1時間12分
2時間+3時間+1時間12分=6時間12分
(2)48秒+26秒=74秒=1分14秒
23分+16分+1分14秒=40分14秒
(3)24分から37分がひけないので，
1時間=60分 としてくり下げて計算する。
15時間24分−8時間37分
=14時間84分−8時間37分=6時間47分
(4)52分1秒−36分53秒
=51分61秒−36分53秒=15分8秒

5 6×4=24，8×6=48，24+48=72(こ)

6 7時52分から8時までは8分ある。8時から8時15分までは15分ある。
8+15=23(分)

7 おつりは出したお金から代金をひいてもとめる。
ノートの代金は，80×60=4800(円)
5000−4800=200(円)

14 最上級レベル 2

解答

1 (1)4 (2)9 (3)2 (4)1
2 (1)88 (2)1 (3)11 (4)3000 (5)10000 (6)200000
3 (1)6, 14 (2)3, 30 (3)222 (4)5400
4 (1)5, 53 (2)4, 18 (3)2, 7 (4)2, 26
5 16万円(160000円)
6 15200円

解説

1 (1)56÷7=8 である。九九の2のだんで，8になるものをさがす。2×4=8 なので，答えは4
(4)どんな数を1でわっても，答えはもとの数になる。

2 (1)1でわる計算なので，答えはもとの数になる。
(2)わられる数とわる数が同じわり算の答えは1である。
(3)60÷6と6÷6の答えをあわせる。
60÷6=10，6÷6=1 なので，
10+1=11 となる。
(4)かけ算では，かけられる数とかける数を入れかえても答えは同じになる。5×600=600×5
100のかたまり6こを5倍して，100のかたまりが6×5=30こあるので，答えは3000
(5)かけられる数とかける数から0をのぞいて計算する。
1×1=1，0をあわせて4つのぞいたので，答えは10000
(6)4×5=20，0をあわせて4つのぞいたので，20に0を4つつけて，答えは200000

3 (1)60×6=360(秒) で，374−360=14(秒) なので，6分14秒

(2) 60×3=180(秒) で，210−180=30(秒) なので，3分30秒

(3) 60×3=180(分)，180+42=222(分)

(4) 1時間30分=60分+30分=90分

60×90=5400 (秒)

4 (1)時間と分をそれぞれ計算する。

3時間+2時間=5時間，

37分+16分=53分 なので，

3時間37分+2時間16分=5時間53分

(2) 78秒=1分18秒

2分+1分+1分18秒=4分18秒

(3) 4時間−2時間=2時間，25分−18分=7分 なので，4時間25分−2時間18分=2時間7分

(4) 5時間13分−2時間47分

=4時間73分−2時間47分=2時間26分

5 はじめにあるお金は，

5000×80=400000(円)

のこりのお金は，

400000−240000=160000(円)

6 ドーナツの代金とケーキの代金を分けて計算する。それぞれの代金は，(1このねだん)×(買ったこ数)でもとめる。ドーナツの代金は，1このねだん90円で80こ買ったので，90×80=7200(円)

ケーキの代金は，先にケーキ1つのねだんをもとめてから考える。ケーキ1このねだんは「ドーナツ1このねだんの2倍より20円高い」ので，

90×2+20=200(円)

ケーキの代金は，200×40=8000(円)

はらうお金は，7200+8000=15200(円)

標準レベル 15 あまりのあるわり算 (1)

解答

1 (1)○ (2)△ (3)△ (4)○
(5)○ (6)○ (7)○ (8)△

2 (1)× (2)○ (3)○ (4)× (5)× (6)○

3 (1)(じゅんに) 4，5，4
(2)(じゅんに) 4，4，2

4 (1) 8あまり1 (2) 6あまり1
(3) 5あまり1 (4) 6あまり4
(5) 8あまり1 (6) 6あまり6
(7) 5あまり3 (8) 9あまり2

5 4人

解説

1 九九を思い出しながら，わり切れるかどうかを見分けよう。

2 (1) 38÷5=7あまり5 のたしかめの計算は5×7+5 である。これを計算した答えがわられる数38と同じなら正しくわり算ができている。

5×7+5=40 なので，正しくない。

(2)たしかめの計算は，7×2+4=14+4=18

わられる数と同じなので正しいわり算である。

(3) 6×5+1=30+1=31

(4) 20÷5=4 でわり切れる。

(5)たしかめの計算は 3×5+4=19 でわられる数と同じだが，あまりの4がわる数3より大きいので正しいわり算ではない。

3 たしかめの計算の式のつくりかたをおぼえよう。

4 わる数のだんの九九の答えの中で，わられる数より小さく，できるだけわられる数に近くなる数を見つけるようにする。

5 28÷6=4 あまり4 なので，4人に分けることができる。

上級レベル 16 あまりのあるわり算 (1)

解答

1 わり切れる …イ，ウ，オ，カ
わり切れない…ア，エ

2 (1)○ (2) 8あまり2
(3) 9あまり1 (4)○
(5) 7 (6)○

3 (1) 8×9+3=75
(2) 7×5+6=41

4 (1) 8あまり3 (2) 7あまり2
(3) 6あまり1 (4) 6あまり8
(5) 2あまり3 (6) 3あまり2
(7) 8あまり6 (8) 10あまり5

5 10こ

解説

1 カ…6÷6=1 はわり切れる。

2 (1)たしかめの計算は 6×2+4=16

わられる数と同じなので正しくわり算ができている。

(2) 3×7+2=23

わられる数と同じ数ではないので正しくない。

(3)あまりの5がわる数4より大きいので正しいわり算ではない。

(5)わり切れる計算である。わり算の答えでは「あまり0」と書かないようにする。

4 (8) 80÷8=10 なので，「85から8が10ことれて5あまる」と考える。

たしかめの計算は，8×10+5=80+5=85

5 58÷6=9 あまり4

9つの箱にボールが6こずつ入り，4こあまる。あまったボールも箱に入れるので，もうひとつ箱がいる。

標準レベル 17 あまりのあるわり算 (2)

解答

❶ (1) 13 (2) 49 (3) 3 (4) 2
(5) 3 (6) 7

❷ 4人

❸ 8日

❹ 8たばできて，4本あまる。

❺ 8本取れて，2 cm あまる。

❻ 8回

❼ 4本になって，2本あまる。

解説

❶ (3) 5×7=35，35に何をたすと38になるか考える。(4)(5)(6)も同じように，かけ算を先に計算し，何をたすとよいか考える。

❷ 14÷3=4 あまり 2　より，4人に分けられる。2こあまるが，答えにはかん係ない。

❸ 58÷8=7 あまり 2 より，7日目に読んだあとでもまだ2ページのこっている。全部読み終えるのは8日目である。

❹ 60÷7=8 あまり 4

❺ 50÷6=8 あまり 2 なので，リボンは8本切り取れる。

❻ 60÷8=7 あまり 4 より，7回運んでもまだ荷物が4このこっているので，8回かかる。

❼ えん筆の数を先にもとめると，6×5=30(本)
30本を7人で分けるので，30÷7=4 あまり 2
1人分は4本で，2本あまる。

上級レベル 18 あまりのあるわり算 (2)

解答

❶ (1) 5 (2) 3 (3) 7 (4) 5
(5) 9 (6) 10

❷ 7人に分けられて，1こあまる。

❸ 9さつ

❹ 木曜日，2ページ

❺ (1) 5まい (2) 7まい (3) 16まい

解説

❶ (1) 9×7=63，63に何をたすと68になるか考える。
(3)「□×7」をかたまりとみて，何に1をたすと50になるか考える。50−1=49 で，「□×7」が49になる□の数は，49÷7=7 より，7
(4)「□×5」から1をひくと24になるので，「□×5」は25である。(5)(6)も同じように，先にかたまりとみた数がいくつか考えるようにする。

❷ 36÷5=7 あまり 1 より，7人に分けられて，1こあまる。

❸ 48÷5=9 あまり 3 より，9さつ。

❹ 30÷7=4 あまり 2
4日目までは7ページずつ，5日目にのこりの2ページを練習することになる。日曜日から始めるので，日，月，火，水，木で木曜日に終えることになる。

❺ (1) 30÷6=5(まい)
(2) 50÷8=6 あまり 2 より，7まいいる。
(3)アは 50÷6=8 あまり 2 より，画用紙8まいを全部使って，9まい目から2まい切り取る。
イは，60÷8=7 あまり 4 より，7まいを全部使って，8まい目から4まい切り取る。ア2まいとイ4まいは，問題の右の図より1まいの画用紙から切り取れるので，
8+7+1=16(まい)

標準レベル 19 長　さ (1)

解答

❶ (1) m (2) cm (3) mm (4) km

❷ (1) 2 m 20 cm (2) 2 m 26 cm
(3) 2 m 34 cm (4) 7 m 78 cm
(5) 7 m 89 cm (6) 8 m 2cm

❸ (1) 3000 (2) 5 (3) 8，560 (4) 5410

❹ (1) 1040 m (2) 1560 m (3) 520 m

解説

❶ 身のまわりのものや場面を思い出しながら，km，m，cm，mm をそれぞれあてはめて，いちばんあてはまるものをえらぶようにする。
(1)学校の教室の黒板を思い出してみよう。
(3) 6 cm と 6 mm で，どちらに近いか考えて，実さいにものさしではかってみよう。6 mm ではなくても，6 mm のほうが 6 cm よりずっと近いことがわかる。
(4)正式なマラソンコースの長さは 42 km をこえる。ここでは身近なスポーツ大会のようすを思い出してみよう。

❷ まきじゃくの目もりを読み取る。小さい1目もりが1 cm を表している。
(1)〜(3)左の「2 m」の目もりから，10 cm，20 cm の目もりを使って，正しく読み取るようにしよう。
(4)(5)は「8 m」の目もりより左にあるので，8 m より短い長さを表している。

❸ (1) 1 km=1000 m なので，3 km=3000 m
(3) 8560 m を 8000 m+560 m に分ける。
8000 m=8 km

❹ 道のりは実さいに通った道にそってはかった長さである。きょりはまっすぐにはかった長さで，道がまっすぐでないときは，道のりよりも短くなる。
(3) 1 km 560 m−1 km 40 m=520 m

上級レベル 20 長　さ (1)

解答

1 (1) 3200　(2) 4，600
(3) 7，60　(4) 8005

2 (1)㋑　(2)㋒　(3)㋐　(4)㋒

3 3200 m

4 1 km 600 m

5 (1) 450 m
(2)道のりのほうが 70 m 長い。

解説

1 (1) 1 km=1000 m なので，3 km=3000 m
3000 m+200 m=3200 m
(2) 4600 m を 4000 m+600 m に分ける。
4000 m=4 km
(4) 8 km=8000 m，8000 m+5 m=8005 m

2 実さいの場面を思い出しながら，いちばんあてはまるものをえらぶ。
(1) 30 cm のものさしでは短いので，1 m のものさしがてき当である。
(2) 1 m のものさしでは短いので，まきじゃくではかる。
(3)ノートや多くの本のたて，横の長さは 30 cm のものさしではかれる。
(4)まっすぐにはかれない長さはまきじゃくではかる。

3 800 m の道のりを 4 回歩くので，800 m の 4 倍である。
800 m×4=3200 m

4 700 m+900 m=1600 m=1 km 600 m

5 (1) 120 m+330 m=450 m
(2)道のりときょりのちがいをもとめるので，長いほうの道のりから短いほうのきょりをひく。
450 m−380 m=70 m

標準レベル 21 長　さ (2)

解答

1 (1) 4　(2) 2，40　(3) 5800
(4) 10040

2 (1) 8，700　(2) 4，600
(3) 6800　(4) 3，400

3 350 m

4 1 km 970 m

5 学校のほうが 150 m 近い。

6 820 m

解説

1 (4) 10 km=10000 m なので，10040 m

2 (1)同じたんいの 6 km と 2 km だけたし算する。
(2) 3400 m=3 km 400 m
1 km 200 m+3 km 400 m=4 km 600 m
(3) 8 km=8000 m，
8000 m−1200 m=6800 m
(4) 4 km−1 km=3 km，900 m−500 m=400 m なので，3 km 400 m

3 1 km 380 m−1 km 30 m=350 m

4 1 km 70 m+900 m=1 km 970 m

5 2 km=2000 m，1 km 850 m=1850 m
2000 m−1850 m=150 m なので，学校のほうが 150 m 近くなる。

6 1 km 200 m=1200 m である。家から学校より家から公園のほうが近くにあるので，公園までの道のりは，1200−380=820(m) になる。

上級レベル 22 長　さ (2)

解答

1 (1) 8，300　(2) 5，250
(3) 6，900　(4) 1，260

2 (1) 4000　(2) 20　(3) 4，500
(4) 24　(5) 7000

3 8 km

4 (1) 1180 m
(2)ゆかさんの家を通るほうが 50 m 長い。

解説

1 1 km を 1000 m として，くり上がりやくり下がりをする。
(1) 5 km 600 m+2 km 700 m=7 km 1300 m
=8 km 300 m
(2) 1 km 850 m+3 km 400 m=4 km 1250 m
=5 km 250 m
(3) 8 km 400 m−1 km 500 m
=7 km 1400 m−1 km 500 m=6 km 900 m
(4) 4 km 60 m−2 km 800 m
=3 km 1060 m−2 km 800 m=1 km 260 m

2 (2)「60 m のロープを同じ長さに 3 つに分ける」とき，このようなわり算になる。
60 m÷3=20 m
(3) 5 m×900=4500 m=4 km 500 m
(4) 800 m×30=24000 m=24 km

3 月曜日から金曜日まで 5 日間ある。
800 m×5=4000 m=4 km
帰りも同じだけ歩くことになるので，4×2=8(km)

4 (1) 230+950=1180(m)
(2)ゆうびん局を通る道のりは，
870+260=1130(m)
1180−1130=50(m) なので，ゆかさんの家を通るほうが 50 m 長くなる。

標準レベル 23 水のかさ (1)

解答

❶ (1) 10　(2) 3　(3) 2000　(4) 5
(5) 800　(6) 6
❷ (1) >　(2) <
(3) >　(4) <
❸ (1) 5　(2) 3，9　(3) 2，3　(4) 2，7
❹ 1 L 2 dL
❺ 1 L 2 dL
❻ 800 mL
❼ 9 dL

解説

❶ 1 L=10 dL で，1 L=1000 mL
また，1 dL=100 mL

❷ たんいをそろえて水のかさをくらべる。
(1) 8 L=80 dL　(2) 6 L=6000 mL
(3) 80 dL=8 L　(4) 2 L 3 dL=2300 mL

❸ (1) 2 L+30 dL=2 L+3 L=5 L
(4) 5 L−2 L 3 dL=4 L 10 dL−2 L 3 dL=2 L 7dL

❹ 3 dL+9 dL=12 dL=1 L 2 dL

❺ 2 L=20 dL なので，20−8=12(dL)
12 dL=1 L 2 dL
または，2 L−8 dL=1 L 10 dL−8 dL=1 L 2 dL

❻ 1 L=1000 mL
1000−200=800(mL)

❼ 280+370+250=900(mL)
dL のたんいにして答えるので，
900 mL=9 dL

上級レベル 24 水のかさ (1)

解答

❶ (1) 200　(2) 18　(3) 3000　(4) 35
(5) 8000　(6) 4　(7) 68，5
❷ (1) >　(2) <
(3) >　(4) >
❸ (1) 76　(2) 6，3　(3) 1，3　(4) 2，9
❹ 4 L 4 dL
❺ 1 L 2 dL
❻ 400 mL
❼ 1260 mL

解説

❸ 1Lを 10dL として，くり上がりやくり下がりができているかをたしかめる。
(1) 42 L+340 dL=42 L+34 L=76 L
(2) 2 L 6 dL+3 L 7 dL=5 L 13 dL=6 L 3 dL
(3) 3 L 1 dL−1 L 8 dL=2 L 11 dL−1 L 8 dL
=1 L 3 dL
(4) 5 L 2 dL−2 L 3 dL=4 L 12 dL−2 L 3 dL
=2 L 9 dL

❹ 4×3=12(dL)，8×4=32(dL)
12+32=44(dL)，44 dL=4 L 4 dL

❺ たんいを dL になおして計算する。30−18=12(dL)
12 dL=1 L 2 dL
または，3L−1 L 8dL=2 L 10 dL−1 L 8 dL=1 L 2 dL

❻ 1 L 6 dL=1600 mL
2000−1600=400(mL)

❼ たんいを mL になおして計算する。
2 L=2000 mL，3 dL=300 mL である。ジュースを
280+300+160=740(mL) 飲んだので，のこりは
2000−740=1260(mL)

標準レベル 25 水のかさ (2)

解答

❶ (1) dL　(2) L　(3) mL　(4) L
❷ (1) 12，7　(2) 8，2
(3) 32　(4) 2　(5) 8
❸ 150 mL
❹ 4 dL
❺ 1100 mL
❻ 6 dL
❼ 5 dL
❽ 800 mL

解説

❶ 実さいの生活での場面を思い出すようにしよう。L，dL，mL のたんいをあてはめて，だいたい正しいかさになるたんいをえらぶ。

❷ (1) 8 L+47 dL=8 L+4 L 7 dL=12 L 7 dL
(2) 4500 mL+3L7dL=4L5dL+3L7dL=7L12dL
=8L2dL
(5) 20 mL×40=800 mL=8 dL

❸ 2 dL=200 mL，350−200=150(mL)

❹ 2 L=20 dL，20−16=4(dL)

❺ 2 L=2000 mL，5 dL=500 mL
2000−500−400=1100(mL)

❻ 200 mL=2 dL，2×3=6(dL)

❼ 4 L=40 dL，40÷8=5(dL)

❽ 1 L 6 dL=16 dL，16÷2=8(dL)
8 dL=800 mL

上級レベル 26 水のかさ (2)

解答

1 (1) 3980 (2) 5, 5 (3) 27 (4) 16 (5) 2
2 2 L 3 dL
3 6 dL
4 (1) 60 L (2) 150 L
5 (1) 11 L (2) 1 L (3) 15 L

解説

1 (1) 4 L−20 mL=4000 mL−20 mL=3980 mL
(2) 1 L 7 dL+3 L 800 mL=1L7dL+3L8dL
=4 L 15 dL=4 L+1 L 5 dL=5 L 5 dL
(3) 300 mL×9=2700 mL=27 dL
(4) 80 mL×200=16000 mL=16 L
(5) 60 dL÷3=20 dL=2 L

2 ジュースは，3 dL×6=18dL
牛にゅうは，250 mL+250 mL=500 mL=5 dL
あわせると，18 dL+5 dL=23 dL=2 L 3 dL

3 飲んだジュースは，2 dL×9=18 dL
これが 3 本のびんに入っていたので，
18 dL÷3=6 dL

4 (1) 20 L の水を 3 回入れたので，20×3=60(L)
(2) バケツ 8 はい分の水のかさは，20×8=160(L)
水が 10 L あふれたので，水そうに入る水のかさは，
160−10=150(L)

5 (1) 4×2=8(L)，はじめにバケツに 3 L 入っているので，3+8=11(L)
(2) 4×4=16，3+16=19，20−19=1(L)
(3) 4×8=32，3+32=35，35−20=15(L)

27 最上級レベル 3

解答

1 (1) 4 あまり 6 (2) 9 あまり 3 (3) 7 あまり 4 (4) 6 あまり 5
2 (1) 7 km 500 m (2) 6000 m(6 km)
(3) 2800 m(2 km 800 m)
(4) 2 km 800 m(2800 m)
3 (1) 20 (2) 7 (3) 4000 (4) 60
4 (1) 1 km 100m
(2) 道のりのほうが 160 m 長い。
5 7 そう
6 1 L 7 dL

解説

2 たんいをそろえたり，1 km を 1000 m として，くり上がりやくり下がりができているかをたしかめる。
(2) 2 km 600 m+3400 m=2600 m+3400 m
=6000 m
(3) 6 km−3200 m=6000 m−3200 m=2800 m
(4) 7 km 300 m−4 km 500 m
=6 km 1300 m−4 km 500 m=2 km 800 m

3 1 L=10 dL で，1 L=1000 mL
また，1 dL=100 mL

4 (1) 260 m+840 m=1100 m=1 km 100 m
(2) 道のりからきょりをひく。
1100 m−940 m=160 m

5 34÷5=6 あまり 4
5 人乗りのボートが 6 そう，4 人乗りのボートが 1 そうであわせて 7 そうになる。

6 4 L 5 dL−2 L 8 dL=45 dL−28 dL
=17 dL=1 L 7 dL
または，
4 L 5 dL−2 L 8 dL=3 L 15 dL−2 L 8 dL=1 L 7 dL

28 最上級レベル 4

解答

1 (1) 6 km 400 m (2) 9 km 150 m (3) 4 km 800 m (4) 3 km 380 m
2 (1) 10 (2) 8 (3) 7，3 (4) 3，6
3 700 mL
4 公園を通る(道のりの)ほうが 20 m 長い。
5 7 まい
6 7 こ

解説

1 1 km を 1000 m として，くり上がりやくり下がりができているかをたしかめよう。
(1) 2 km 800 m+3 km 600 m=5 km 1400 m
=5 km+1 km 400 m=6 km 400 m
(2) 3 km 750 m+5 km 400 m=8 km 1150 m
=8 km+1 km 150 m=9 km 150 m
(3) 7 km 200 m−2 km 400 m
=6 km 1200 m−2 km 400 m=4 km 800 m
(4) 6 km 80 m−2 km 700 m
=5 km 1080 m−2 km 700 m=3 km 380 m

2 1 L を 10 dL として，くり上がりやくり下がりができているかをたしかめよう。
(1) 4 L+60 dL=4 L+6 L=10 L
(2) 200 mL×4=800 mL=8 dL
(3) 2 L 7 dL+4 L 6 dL=6 L 13 dL=6 L+1 L 3 dL
=7 L 3 dL
(4) 4 dL×9=36 dL=3 L 6 dL

3 答えのたんいが mL なので，かさのたんいを mL になおす。計算をするときに，答えのたんいになおす習かんをつけるとよい。

牛にゅうを1800mL飲んだので，2L5dLから1800mLをひく。
2L5dL−1800mL=2500mL−1800mL
=700mL

4 公園を通って学校まで行く道のりは，
250+980=1230(m)
図書館を通って学校まで行く道のりは，
930+280=1210(m)
2つの道のりのちがいは，1230−1210=20(m)
公園を通る道のりのほうが20m長くなる。

5 30÷4=7 あまり2
ポスターは7まいはれる。また，画びょうは2こあまる。

6 8L入るバケツ20こにうつした水は，
8L×20=160L
このとき水そうにのこっている水は，
200L−160L=40L
これを6L入るバケツにうつすので，
40÷6=6 あまり4
6このバケツがいっぱいになり，まだ水そうに4Lのこっているので，バケツは7こいる。

標準レベル 29 たし算とひき算 (1)

解答

❶ (1)599 (2)728 (3)583 (4)893
(5)737 (6)913 (7)631 (8)812
❷ (1)214 (2)336 (3)221 (4)515
(5)277 (6)726 (7)500 (8)87
❸ 355人
❹ 903円
❺ 354人
❻ 252円

解説

❶ 3けたどうしのたし算は，2けたどうしのたし算と同じようにする。くり上がりに注意しよう。

(3) 346+237=583　(5) 279+458=737　(6) 764+149=913　(8) 625+187=812

❷ 3けたどうしのひき算は，2けたどうしのひき算と同じようにする。くり下がりに注意しよう。

(4) 643−128=515　(5) 425−148=277　(6) 913−187=726　(8) 254−167=87

❸ 男子と女子の人数をあわせるので，たし算をする。
187+168=355(人)

❹ 2人のお金をあわせるので，たし算をする。
645+258=903(円)

❺ きのうの入場者数は，今日の入場者数から多くなった分の人数をひく。
452−98=354(人)

❻ おつりは，出したお金から代金をひく。
500−248=252(円)

上級レベル 30 たし算とひき算 (1)

解答

1 (1)イ (2)ウ (3)ウ
2 (1)985 (2)793 (3)664
(4)21 (5)265 (6)574
3 376円
4 415まい
5 785m
6 624円

解説

1 (1)315は300，502は500に近いので，たすと800に近い数になる。
(3)800+500 に近い計算になる。

2 (1)3つの数のたし算は，ふつう，前からじゅんに計算する。
729+71+185=800+185=985
(2)では，計算のきまりを使って，たして何百になる2つの数を先に計算するとよい。
432+293+68=432+68+293=500+293
=793
(4)3つの数のひき算は，ふつう，前からじゅんに計算する。
363−46−296=317−296=21

3 えん筆とノートと消しゴムのねだんをたす。
120+168+88=376(円)

4 持っているまい数にあげたまい数をたす。
287+73+55=415(まい)

5 てき当な長さの直線をひいて，その上に左から家と公園と学校の場所を表すしるしをつけて，その間にそれぞれの道のりを書きこむとわかりやすい。
1380−595=785(m)

6 248+128=376(円)，1000−376=624(円)

標準レベル 31 たし算とひき算 (2)

解答

1. (1) 778 (2) 798 (3) 642 (4) 803
(5) 1041 (6) 1526 (7) 900 (8) 734
2. (1) 222 (2) 122 (3) 128 (4) 148
(5) 95 (6) 284 (7) 65 (8) 487
3. 1049円
4. 261ページ
5. 165こ
6. 199まい

解説

1 くり上がりに注意する。

(3)
```
   1 1
   368
  +274
   642
```
(4)
```
  1 1
  307
 +496
  803
```
(7)
```
  1 1
  772
 +128
  900
```

2 くり下がりに注意する。

(2)
```
  2
  316 (3に斜線)
 -194
  122
```
(3)
```
  3 9
  402 (4と0に斜線)
 -274
  128
```
(7)
```
  4 5
  564 (5と6に斜線)
 -499
   65
```

3 2人のお金をあわせるので，たし算をする。
864+185=1049(円)

4 読んだページ数とのこりのページ数をあわせるので，たし算をする。
146+115=261 (ページ)

5 みゆさんが持っているおはじきの数から妹にあげるおはじきの数をひく。
350−185=165(こ)

6 ちがいをもとめるのでひき算をする。
348−149=199(まい)

上級レベル 32 たし算とひき算 (2)

解答

1
(1)
```
   5[2]3
  +2 3[5]
  [7]5 8
```
(2)
```
   6[2]5
  +[1]4 2
   7 6[7]
```
(3)
```
   2 6[6]
  +[5][7]5
   8 4 1
```
(4)
```
   2[0]7
  +5 9[6]
  [8]0 3
```

2
(1)
```
  [3]5[7]
  -2 1 4
   1[4]3
```
(2)
```
  [5]8 6
  -1[2]4
   4 6[2]
```
(3)
```
   7[0]3
  -[2]8 6
   4 1[7]
```
(4)
```
   6 7[1]
  -[2]9 4
   3[7]7
```

3. (1) 264 (2) 254
4. 668円
5. あきえさんのほうが586m遠い。
6. 6人

解説

3 (1)□の数と728をたすと992になるので，□の数は992−728を計算してもとめる。
たとえば「□+2=9」では，□の数は「9−2=7」としてもとめられるが，計算のしかたは同じである。
(2) 421−167を計算してもとめる。

4 シャツとセーターをあわせた代金は，
680+988=1668(円)
持って行ったのは1000円なので，
1668−1000=668(円)

5 2人の道のりのちがいをもとめるので，ひき算をする。
1km 198m=1198m だから，
1198−612=586(m)

6 全校じどうは812−795=17(人) ふえた。男子は23人ふえたので，女子は23−17=6(人) へっている。

標準レベル 33 大きな数 (1)

解答

1. (1) 70630
(2) 805010
(3) 820
(4) 1000万 (10000000)
2. (1) 千万の位
(2) 一万の位
(3) 82047こ
(4) 八千二百四万七千
3. (1) 850万 (8500000)
(2) 392万 (3920000)
4. (1) < (2) <
5. (1) 5000，50
(2) 320000，32

解説

1 (3) 1000がいくつあるかを考える。
または，0を3つとる。820000 (末尾の0三つに斜線)

2 8204|7000のように，4けたずつ区切る。
(1) 4けたずつ区切ると，8は千万の位とわかる。
(3) 0を3つとる。

3 1目もりがいくつかを考える。
(1) 1目もりは50万である。
(2) 1目もりは1万である。
390万+2万=392万

4 まず，けた数をくらべる。けた数が同じなら，左から数字をくらべていく。この場合も4けたごとに区切る線を入れるとわかりやすくなる。

5 10倍した数は右に0を1つ，100倍した数は右に0を2つつける。10でわった数は右から0を1つ，100でわった数は右から0を2つとる。

上級レベル 34 大きな数 (1)

解答

1 (1) 3458200 (2) 67230000
(3) 9040602

2 (1) 百十七万九千六百二十五
(2) 四百三万八千二百十
(3) 六千二万四百六十

3 (1) 8950万(89500000)
(2) 9820万(98200000)

4 (1) ＜ (2) ＝ (3) ＜

5 (1) 70000 (2) 950
(3) 470000 (4) 7040

解説

1 一万の位(くらい)で区切(くぎ)って4けたずつ数字を書く。数のない位に0を書きわすれないようにする。
(1) 345と8200をつなげて，3458200となる。
(3) 904と0602をつなげて，9040602となる。千の位と十の位が0になるので注意(ちゅうい)しよう。

2 右から4けたごとに線を入れて区切る。千，百，十を書きわすれないようにしよう。
(1) 4けたずつ区切ると，117万と9625になる。これを漢字(かんじ)で書く。
(3) 4けたずつ区切ると，6002万と460になる。これを漢字で書く。

3 1目もりがいくつかを考える。
(1) 1目もりは50万 (2) 1目もりは10万

4 計算をしてから大小をくらべる。けた数が同じなら，左から数字をくらべていく。

5 10，100，1000をかける計算では，かける数の0の数だけ，かけられる数の右に0をつける。10，100，…でわる計算では，わる数の0の数だけ，わられる数の右から0をとる。

標準レベル 35 大きな数 (2)

解答

1 (1) 3658 (2) 3828
(3) 9242 (4) 45211
(5) 3330 (6) 1263
(7) 4604 (8) 17812

2 (1) 4310万
(2) 1940万
(3) 2400万
(4) 500万

3 3800万円

4 1500万円

5 5926 m

6 8035人

解説

1 4けたどうしの計算や5けたと4けたの計算は，3けたどうしの計算と同じようにする。くり上がり，くり下がりに注意しよう。

2 (1) 610+3700の答えに万をつける。
(2) 4000−2060=1940 なので，答えは1940万である。
(3) 300×8=2400 なので，答えは2400万である。
(4) 4500÷9=500 なので，答えは500万である。

3 4600万−800万=3800万(円)

4 300万×5=1500万(円)

5 おじさんの家までののこりの道のりをもとめるので，ひき算をする。
8426−2500=5926(m)

6 3849+4186=8035(人)

上級レベル 36 大きな数 (2)

解答

1 (1) 3864 (2) 44079
(3) 6328 (4) 17001

2
(1)
```
   3[5]2[7]
 +[2]1[4]8
 ---------
   5 6 7 5
```
(2)
```
    5 0[8]6
 +3[1][2]9[4]
 -----------
  3 6 3 8 0
```
(3)
```
  [7]0[0][3]
 − 2[8]4 6
 ----------
   4 1 5 7
```
(4)
```
 [6]2[1]3[2]
 −  7 9[4]8
 -----------
  5 4 1 8 4
```

3 4995

4 4万円

5 (1) 8888 (2) 6174

解説

1 (1) 9472−5608=3864
(2) 63804−19725=44079
(3) 3841+2487=6328
(4) 35965−18964=17001

2 一の位(くらい)の□から考えていく。くり上がりやくり下がりに注意しよう。

3 3219+□=8214 で，□にあてはまる数を考える。□=8214−3219=4995

4 100人で400万円かかったので，わり算をする。
400万÷100=4万(円)

5 いちばん大きい数をつくるときは，左からじゅんに大きい数が書かれたカードをならべていく。いちばん小さい数をつくるときは，左からじゅんに小さい数が書かれたカードをならべていく。すると，いちばん大きい数は7531で，いちばん小さい数は1357になる。
(1) 7531+1357=8888
(2) 7531−1357=6174

標準レベル 37 かけ算の筆算 (1)

解答

❶ (1) 6, 8 (2) 2, 8, 4 (3) 1, 4, 7

❷ (1) 46 (2) 276 (3) 75
(4) 117 (5) 344 (6) 345

❸ (1) 6, 3, 9 (2) 1, 4, 3, 6
(3) 1, 8, 2, 4

❹ (1) 1263 (2) 728 (3) 2832

❺ (1) 13 × 32 = 26, 39, 416 (2) 47 × 35 = 235, 141, 1645

❻ (1) 989 (2) 912 (3) 3577

❼ 448円

解説

❶ かけ算の筆算では，一の位からかけ算をする。かけ算で出した数を，かけられた数の真下に書く。一の位の数を書いたら，次に十の位の数を同じようにかけ算する。
(2) 十の位で，7×4=28 の計算は 70×4=280 という意味である。2 は百の位の数なので，いちばん左に 2 を書く。
(3) 一の位の計算は，9×3=27 となって，十の位に 2 くり上がる。十の位の計算の 4×3=12 とくり上がった 2 をあわせて，12+2=14

❷ それぞれの位の数のかけ算で出した数を，かけられた数の真下にそろえて書くようにする。くり上がりに注意して計算しよう。

❸ 3けた×1けた の計算である。
(3) 十の位の計算は 0×3=0 だが，一の位の計算からくり上がる 2 をあわせて，0+2=2 となる。

❺ 2けた×2けた の計算である。くり上がりに注意して計算しよう。

❻ 同じ位の数字を上下にそろえて，同じ大きさの字で書くようにしよう。計算が進むにつれて，ノートの下の方の字が小さくなったり，ななめにずれたりすることがある。くり上がる数をわすれたり，位をとりちがえたりするまちがいのもとになるので，きちんと計算を書く練習をしよう。

❼ 式は 64×7 である。筆算で計算しよう。

上級レベル 38 かけ算の筆算 (1)

解答

❶ (1) 252 (2) 152 (3) 280
(4) 456 (5) 3162 (6) 1440

❷ (1) 1431 (2) 1204 (3) 2052
(4) 3182 (5) 1400 (6) 6764

❸ (1) 1[2] × [2]3 (2) [5]8 × 4[6]

❹ 4572 mL

❺ 1008 まい

解説

❷ かけ算の筆算では同じ位の数字を上下にそろえ，同じ大きさの字で書くようにしよう。計算のとちゅうで，くり上がりの数をメモしておく場所を決めておこう。

❸ (1) 一の位の計算は 1□×3=36
3 のだんの九九で，一の位の数が 6 になるのは 3×2=6 しかないので，□の数は 2 とわかる。つぎに十の位の計算は 12×□=24 なので，□の数は 2
(2) 十の位の計算は □8×4=232
8×4=32，232−32=200 なので，□0×4=200 で，□の数は 5
つぎに一の位の計算は 58×□=348 で，□の数は 6

❹ 762×6=4572(mL)

❺ 36×28=1008(まい)

標準レベル 39 かけ算の筆算 (2)

解答

❶ (1) 60 × 59 = 540, 300, 3540 (2) 352 × 24 = 1408, 704, 8448

❷ (1) 2920 (2) 1509 (3) 2040
(4) 1710 (5) 4004 (6) 1540
(7) 1584 (8) 9135 (9) 26048

❸ (1) ウ (2) イ

❹ 400 m

❺ 5円

❻ 17 m 25 cm

解説

❶ (1) 0 があるかけ算である。一の位は 0×9=0 と 0×5=0 で，0 を書きわすれないようにしよう。

❷ かけられた数の真下に位をそろえて書くようにしよう。くり上がりに注意して計算しよう。
(2) 十の位には 0 を書く。
(3) 一の位の計算は 8×5=40 で，十の位に 4 くり上がる。十の位の計算は 0×5=0 だが，くり上がった 4 があるので 4 を書く。
(5)(6) 77 や 44 のように位の数字が同じ数であるとき，筆算では(6)のように下のだんに位の数字が同じ数を書くとかけ算の計算が一度ですむ。

❸ (1) 200×4=800 に近くなる。
(2) 40×60=2400 に近くなる。

❹ 25×16=400(m) 筆算で計算しよう。

❺ ジュース 7 本の代金は，285×7=1995(円)
おつりは，2000−1995=5(円)

❻ 75×23=1725(cm)→17 m 25 cm

上級レベル 40 かけ算の筆算 (2)

解答

1 (1) 6600 (2) 6363 (3) 2008
(4) 1960 (5) 9801 (6) 98901
(7) 36570 (8) 61074 (9) 11569

2 (1) 5040 (2) 7982

3 (1)
```
     [4] 8
   × 3 [5]
   2 4 [0]
 1 [4] 4
 1 6 8 0
```
(2)
```
     6 [3]
   × [4] 2
   1 [2] 6
 2 [5] 2
 2 6 4 6
```

4 584人

5 5120円

解説

2 筆算で書いて計算しよう。

3 わかる数字からじゅんにうめていこう。

(1)
```
     [ア] 8
   × 3 [イ]
   2 4 [ウ]
 1 [エ] 4
 1 6 8 0
```
答えが 1680 なので，ウは 0，エは 4 である。
イ×8 の一の位が 0(ウ)になることから，イが 5 とわかる。

(2)
```
     6 [ア]
   × [イ] 2
   1 [ウ] 6
 2 [エ] 2
 2 6 4 6
```
答えが 2646 なので，ウは 2，エは 5 である。
6[ア]×2=126 より，アは 3 に決まる。

4 バス 20 台に 28 人，1 台に 24 人乗っているので，
28×20=560，560+24=584（人）

5 15+17=32(人)，160×32=5120(円)

41 最上級レベル 5

解答

1 (1) 899 (2) 732
(3) 109 (4) 217
(5) 5980 (6) 4158

2 (1) 3130万 (2) 1840万
(3) 2800万 (4) 200万

3 (1) 6426 (2) 1537 (3) 2700

4 (1) 4256030
(2) 600702

5 (1)
```
   [3] 6 4 [9] 7
 +     8 [4] 0 [1]
   4 [4] 8 9 8
```
(2)
```
     5 [8]
   × [3] 4
   2 [3] 2
 1 [7] 4
 1 9 7 2
```

6 9万円（90000円）

7 1536円

解説

1 (2)〜(6)くり上がりやくり下がりに注意しよう。暗算でできないときは，筆算で計算をしよう。

2 (1) 430+2700 の答えに万をつける。
(2) 5000−3160=1840 なので，答えは 1840 万
(3) 400×7=2800 なので，答えは 2800 万
(4) 800÷4=200 なので，答えは 200 万

3 (2)
```
     2 9
   × 5 3
     8 7
 1 4 5
 1 5 3 7
```
(3)
```
     7 5
   × 3 6
   4 5 0
 2 2 5
 2 7 0 0
```

4 一万の位で区切って 4 けたずつ数字を書く。
(1) 425 と 6030 をつなげて，4256030 となる。
(2) 60 と 0702 をつなげて，600702 となる。一万の位と千の位と十の位が 0 になるので注意をしよう。

5 (1)
```
   [オ] 6 4 [イ] 7
 +     8 [ウ] 0 [ア]
   4 [エ] 8 9 8
```
アは 8−7=1
イは 9−0=9
ウは 8−4=4
エは 6+8=14 で，一の位の数の 4。
オは千の位から 1 くり上がるので，4−1=3

(2)
```
     5 [ウ]
   × [エ] 4
   2 [ア] 2
 1 [イ] 4
 1 9 7 2
```
ア，イを先に考える。
アは 7−4=3
イは 9−2=7
ウは 5[ウ]×4=232 から，
50×4=200，232−200=32 より，
[ウ]×4=32 となるのでウは 8 とわかる。
58×4=232 を計算してたしかめよう。
エは 58×[エ]=174 で，8 のだんの九九で答えの一の位の数が，4 になるものを考える。
8×3=24 と 8×8=64 の 3 と 8 のうち，答えにあう数は 3 である。

6 5000 円さつが 60 まいで
5000×60=300000(円) =30 万(円)
30 万 −21 万 =9 万(円)

7 2 こで 64 円なので，1 こは 64÷2=32(円)
48 こ買ったので，32×48=1536(円)

42 最上級レベル ⑥

解答

1. (1) 946　(2) 88　(3) 5600万　(4) 900万
2. (1) 4612　(2) 7505
3. (1) 15408
 (2) 43070
 (3) 30668
4. (1)三千百九万四千二百七
 (2)四千六十万三百五十
5. 3920 m
6. 5265
7. 7500円

解説

1 (1)くふうして，計算しよう。
746+128+72=746+(128+72)
=746+200
(2)前からじゅんに計算する。
384−257−39=127−39=88
(3) 700×8=5600 だから，5600 万。
(4) 72÷8=9，7200÷8=900 だから，900 万。

2 けた数が大きいが，小さいときと同じように考える。
(1) 9387−3271−1504=4612
(2) 2731+1709+3065=7505

3 (1)

```
    4 2 8
  ×   3 6
  2 5 6 8
1 2 8 4
1 5 4 0 8
```

(2)

```
    5 9 0
  ×   7 3        0のつけわすれに注意する。
  1 7 7 0 ←0×3=0
4 1 3 0   ←0×7=0
4 3 0 7 0
```

(3)

```
    9 0 2
  ×   3 4
  3 6 0 8 ←368ではない。
2 7 0 6
3 0 6 6 8
```

4 右から4けたで区切って，「何万」で表す数字がどれかはっきりさせよう。
(1) 4けたずつ区切ると，3109万と4207になる。これを漢字で書く。
(2) 4けたずつ区切ると，4060万と350になる。

5 のこりの道のりをもとめるので，ひき算をする。
7420−3500=3920(m)

6 いちばん大きい数は7632で，いちばん小さい数は2367だから，
7632−2367=5265

7 集めたお金は 775×76=58900(円)
ここからバス代と公園の入園りょうをひいたのこりが，遠足のしおりをつくるのにかかったお金になる。公園の入園りょうは，150×76=11400(円)
58900−40000−11400=7500(円)

標準レベル 43 三　角　形 (1)

解答

❶ (1)二等辺三角形　(2)正三角形　(3)正三角形
❷ (1)正三角形　(2)長方形　(3)二等辺三角形
 (4)正方形
❸ (1)長方形　(2)直角二等辺三角形
❹

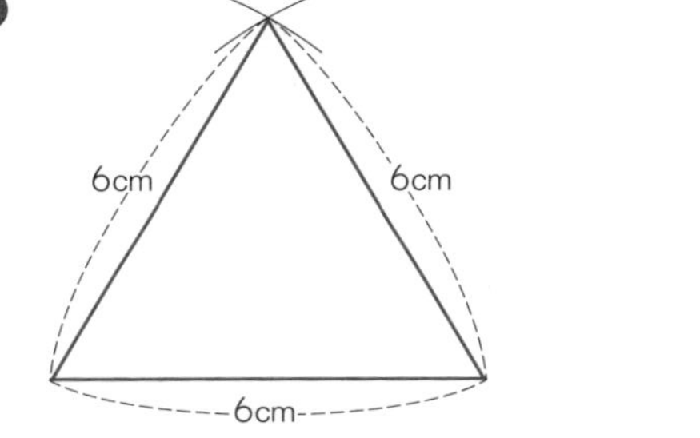

解説

二等辺三角形，正三角形，長方形，正方形が正しく理かいできているかどうかたしかめよう。

❶ (1) 2つの辺の長さが等しい三角形なので，二等辺三角形である。
(2) 3つの辺の長さが等しいので，正三角形である。
(3) 3つの角の大きさが等しいので，正三角形である。

❷ (1) 3つの辺の長さが等しいので，正三角形である。
(2)角が4つとも直角で，辺の長さが6 cmと9 cmなので，長方形である。
(3) 2つの辺の長さが等しい三角形なので，二等辺三角形である。
(4) 4つの辺の長さが等しく，角が4つとも直角なので，正方形である。

❸ (1) 4つのかどがどれも直角なので，長方形である。
(2)てっぺんのかどが直角で，ななめの2つの辺の長さが等しいので，直角二等辺三角形である。

❹ まず6 cmの長さの直線をひく。コンパスを6 cmに開いて，直線の両はしを中心にした円を2つかく。

上級レベル 44 三　角　形 (1)

解答

1 二等辺三角形…イ，ウ　正三角形…エ

2 (1)○　(2)○　(3)×　(4)○

3 (1)二等辺三角形　(2)正三角形

4

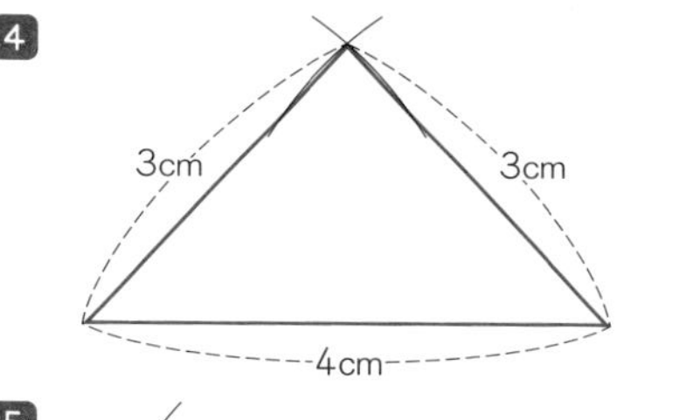

5

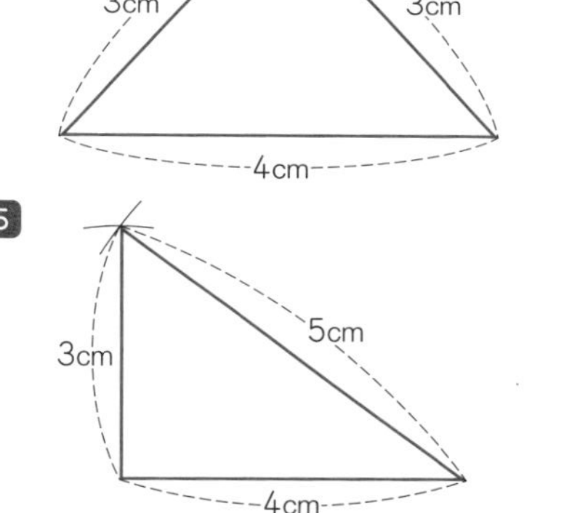

解説

2 (3)2つの角の大きさが等しい三角形は二等辺三角形である。

(4)等しい2つの辺が重なるようにおると，直角三角形になる。

3 三角形の辺の両はしにある点の間に，いくつ点があるかに目をつける。点の数が同じなら，その辺の長さは等しくなる。

(1)間に点が1つある辺が2本ある。

(2)どの辺も間に点が3つで，長さが等しくなっている。

4 4cmの長さの直線をひき，コンパスを3cmに開いて，直線の両はしを中心にした円を2つかく。

5 答えの図は先に長さ4cmの辺をかき，両はしを中心にした半けい3cmと5cmの円をかく。図の向きや辺をかくじゅん番がちがっていてもよい。

標準レベル 45 三　角　形 (2)

解答

1 (1)　(2)　(3)

2 (1)㋒(の角)

(2)㋓(の角)，㋔(の角)

3 (1) 19 cm　(2) 27 cm

解説

1 (1) 3cmの長さの直線をひき，コンパスを3cmに開いて直線の両はしを中心にした円を2つかく。

(2) 先に5cmの長さの辺をかき，直線の両はしを中心にした半けい4cmの円を2つかく。

2 (1)二等辺三角形は，2つの角の大きさが等しくなる。

(2)正三角形は，3つの角の大きさがすべて等しくなる。

3 (1)二等辺三角形は，2つの辺の長さが等しいので，

8+8+3=19(cm)

(2)正三角形は，3つの辺の長さが等しいので，

9×3=27(cm)

上級レベル 46 三　角　形 (2)

解答

1 (1) 24 cm　(2) 12 cm　(3) 42 cm

2 (1) 8 cm　(2) 8 cm　(3) 6 cm

3 (1)正三角形　(2)二等辺三角形

4 (1) 6 こ　(2) 12 こ

解説

1 (1)正三角形は，3つの辺の長さが等しいので，

8×3=24(cm)

(2)正方形は，4つの辺の長さが等しいので，

3×4=12(cm)

(3)長方形には，同じ長さの辺が2組ある。

7×2=14(cm)，14×2=28(cm)，14+28=42(cm)

または，7+14=21(cm)，21×2=42(cm)

2 (1)正三角形の3つの辺の長さは等しいので，1つの辺の長さをもとめるには，まわりの長さを3でわる。

24÷3=8(cm)

(2)正方形の4つの辺の長さは等しいので，1つの辺の長さをもとめるには，まわりの長さを4でわる。

32÷4=8(cm)

(3)まわりの長さから，たての長さ2つ分をひくと，横の長さ2つ分になる。12×2=24(cm)，

36−24=12(cm)，12÷2=6(cm)

3 (1)6cmの辺が2つできる。3cmの左はしのところが直角なので，広げると一直線になり長さは2倍の6cmになる。

(2)7cmの辺が2つと8cmの辺が1つできるので，二等辺三角形になる。

4 (1)小さい正方形が4こ，ななめの向きの中の大きさの正方形が1こ，大きい正方形が1こある。

(2)小さい直角三角形が8こ，大きい直角三角形が4こある。

標準レベル 47 重さ(1)

解答

❶ (1) 3 kg 400 g　(2) 6 kg 400 g　(3) 730 g
❷ (1) 4000　(2) 2500
(3) 7, 10
(4) 6
❸ (1) kg　(2) g　(3) t
❹ 1150 g
❺ (1) 2 kg 300 g
(2) 1 kg 700 g
❻ 6 kg

解説

❶ はじめに1目もりが何gを表しているかをつかもう。そのとき，いちばん小さい目もりのつぎに大きい目もりにも注意してみるとわかりやすくなる。
(1) 1目もりが10gである。そのつぎに大きい目もりは100gごとについている。それを使うと数えやすい。答えは3kgに400gをたす。
(2) 1目もりが50gで，そのつぎに大きい目もりが100gなので，6kg400gである。
(3) 1目もりが10gなので，730gである。

❷ 1kg=1000g，1t=1000kg である。k(キロ)は，後ろのたんいを1000倍することを表す記号である。

❸ g，kg，tをそれぞれあてはめて，だいたい正しいと思うものをえらぼう。

❹ 300+850=1150(g)

❺ (1) 2 kg+300 g=2 kg 300 g
(2) 2 kg−300 g=1 kg 1000 g−300 g=1 kg 700 g

❻ 33−27=6(kg)

上級レベル 48 重さ(1)

解答

❶ (1) 11 kg 500 g　(2) 335 g
(3) 5 kg 750 g
❷ (1) 5　(2) 8, 100　(3) 1, 500
(4) 1, 100　(5) 4, 250
❸ 33 kg
❹ 4 kg 200 g
❺ 1 kg 700 g
❻ 7 kg 300 g

解説

❶ 1目もりが何gかを考える。
(1) 1目もりが100gである。
12 kg−500 g=11 kg 500 g
(2) 1目もりが5gである。5×7=35(g) なので，答えは335g
(3) 1目もりが50gである。
6 kg−250 g=5 kg 750 g

❷ 1kg=1000g，1t=1000kgである。くり上がりやくり下がりの計算ができているか，たしかめよう。
(1) 2 kg+3000 g=2 kg+3 kg=5 kg
(2) 6 kg 300 g+1 kg 800 g=7 kg 1100 g
=8 kg 100 g
(3) 5 kg 200 g−3 kg 700 g
=4 kg 1200 g−3 kg 700 g=1 kg 500 g
(4) 200 kg+900 kg=1100 kg=1 t 100 kg

❸ 26+7=33(kg)

❹ 3 kg 800 g+400 g=3 kg 1200 g=4 kg 200 g

❺ 2 kg 500 g−800 g=1 kg 1500 g−800 g
=1 kg 700 g

❻ 24 kg 300 g−17 kg=7 kg 300 g

標準レベル 49 重さ(2)

解答

❶ (1) 4800　(2) 20000　(3) 1, 400
(4) 8, 100
❷ (1) 8, 700　(2) 2, 800
(3) 1, 800　(4) 900　(5) 20
❸ (1) km, kg
(2) L, mm
❹ 850 g
❺ 35 kg
❻ 2300 g

解説

❶ 1 kg=1000 g，1 t=1000 kg
❷ (1)，(2)はたんいをそろえてから，計算する。
(1) 2 kg 400 g+6300 g
=2 kg 400 g+6 kg 300 g=8 kg 700 g
(2) 6 kg−3200 g=6000 g−3200 g=2800 g
=2 kg 800 g
(3) 3 t 400 kg−1 t 600 kg
=2 t 1400 kg−1 t 600 kg=1 t 800 kg
❸ 1mを1000こ集めると1km，1gを1000こ集めると1kgのように，k(キロ)は1000倍を表している。また，1mmを1000こ集めると1m，1mLを1000こ集めると1Lのように，m(ミリ)は1000倍すると，そのm(ミリ)を取ったたんいになることを表している。

1 mm —1000倍→ 1 m —1000倍→ 1 km

❹ 1 kg=1000 g，1000−150=850(g)
❺ 5 kgのふくろが 5×3=15(kg)，10 kgのふくろが 10×2=20(kg) なので，あわせて 15+20=35(kg)
❻ 6 kg 900 g=6900 g，6900÷3=2300(g) のようにgになおしてから計算する。

上級レベル 50 重さ (2)

解答

1 (1) 7, 300　(2) 10300
(3) 2, 900　(4) 3150

2 (1) 5, 400　(2) 24　(3) 300　(4) 8000

3 (1) 1000　(2) 10, 100　(3) 100, 10

4 1 kg 850 g

5 3 kg 500 g

6 200 g

解説

1 (2) 3 kg 500 g+6800 g
=3500 g+6800 g=10300 g
(3) 4 t 100 kg−1200 kg
=4100 kg−1200 kg=2900 kg=2 t 900 kg

2 (1) 600 g×9=5400 g=5 kg 400 g
(3) 2 kg 400 g=2400 g, 2400÷8=300 (g)

3 1 mm の 1000 倍が 1 m であるが，身のまわりのものの長さで mm のたんいでは数が大きいものがあるので，mm と m の間で cm のたんいを使う。
たとえば，身長は「1 m 320 mm」より「1 m 32 cm」と書くほうがわかりやすくなる。同じように mL と L の間では dL のたんいを使う。
また，これから習うたんいには，1 L の 1000 倍である 1 kL(キロリットル)や，1000 倍すると 1 g になる 1 mg(ミリグラム)などがある。mg は薬の重さを表すときなどに使われる。

4 3 kg 50 g=3050 g，1 kg 200 g=1200 g
3050 g−1200 g=1850 g=1 kg 850 g

5 すいか 4 つの重さは，800 g×4=3200 g
3200 g+300 g=3500 g=3 kg 500 g

6 本 4 さつの重さは，
2 kg 150 g−1 kg 350 g=800 g
本 1 さつの重さは，800÷4=200 (g)

標準レベル 51 かけ算の筆算 (3)

解答

1 (1)
```
   2 3 0 9
×        4
 [9][2][3][6]
```
(2)
```
   3 5 [2] 1
×          7
[2][4][6] 4 7
```

2 (1) 11112　(2) 13935　(3) 28276

3 (1)
```
          1 9 7
      × 4 6 3
       [5][9][1]
   [1][1][8][2]
[7][8][8]
[9][1][2][1][1]
```
(2)
```
            5 3 8
        × 3 4 2
     [1][0][7][6]
  [2][1][5][2]
[1][6][1][4]
[1][8][3][9][9][6]
```

4 (1) 2542　(2) 23500　(3) 24144
(4) 46025　(5) 163020　(6) 557492

5 6280 人

6 3464 円

解説

1 かけられる数が 4 けたになっても，筆算のしかたは 3 けた×1 けた のかけ算と同じである。
(2)十の位のかけ算は□×7 だが，九九の 7 のだんで一の位の数が 4 になるのは 7×2=14 しかない。十の位の□にあてはまる数は 2 で，2 を書き入れてからつづきの計算をする。

4 同じ位の数字を上下にそろえて，同じ大きさの字で書くようにしよう。3 けた×3 けたの筆算をノートで練習するときは，と中の計算を書きこむ場所を十分にとろう。ノートの下のほうの字が小さくなったり，ななめにずれたりしないように気をつけよう。

5 1256×5=6280 (人)

6 1 ダースは 12 本である。ボールペン 12 本の代金は，
128×12=1536 (円)
5000 円出したときのおつりは，
5000−1536=3464 (円)

上級レベル 52 かけ算の筆算 (3)

解答

1 (1) 12882　(2) 18700
(3) 37037　(4) 19314
(5) 27738　(6) 40015

2 (1) 149136　(2) 233602
(3) 53040　(4) 167622
(5) 173348　(6) 636615

3 (1)
```
     [4] 1 [7]
  ×    [5] 9
   3 [7] 5 3
[2] 0 8 5
 2 4 6 0 3
```
(2)
```
   [6][0] 2
  ×    7 [4]
    2 4 0 8
 4 [2] 1 [4]
 4 4 5 4 8
```

4 208008 円

5 153 L 300 mL

解説

1 (5)かけられる数の百の位が 0 なので，8×9=72 の 7 が答えの百の位の数になる。
```
  3 0 8 2
×       9
2 7 7 3 8
```
(6)かけられる数の百の位が 0 なので，0×5=0 を百の位に書く。
```
  8 0 0 3
×       5
4 0 0 1 5
```

2 (6)かける数の十の位の，答えが 0 になる計算ははぶいてもよい。
```
        9 0 3
      × 7 0 5
      4 5 1 5
  6 3 2 1
  6 3 6 6 1 5
```

3 (1)
```
     [ア] 1 [イ]
  ×    [ウ] 9
   3 [エ] 5 3
[オ] 0 8 5
 2 4 6 0 3
```
たし算の答えからオは 2，エは 7 とわかる。
また，イ×9 の一の位が 3 であることからイは 7

[ア]17×9=3753 になることから，アは4
417×[ウ]=2085 なので，ウは5

(2)
```
    [ア][イ] 2
  ×    7 [ウ]
  ----------
   2  4  0  8
 4 [エ] 1 [オ]
  ----------
 4  4  5  4  8
```
エは2，オは4
また，[ア][イ]2×7=4214 になることから，アは6，イは0とわかる。

4 324×642=208008(円)

5 1日に飲む牛にゅうは，240+180=420(mL)
420×365=153300(mL)
1 L=1000 mL なので，
153300 mL=153 L 300 mL

標準レベル 53 かけ算の筆算 (4)

解答

1 (1) 36，360
(2) 10，100，14800

2 (1) 690 (2) 2800
(3) 49600 (4) 8800
(5) 24000 (6) 91800

3 (1) 10，430
(2) 40，2040
(3) 100，900

4 (1) 630 (2) 580
(3) 680 (4) 5700

5 73000円

6 17400円

解説

1 0があるかけ算である。0をのぞいた数どうしで，筆算や暗算で計算し，出した数にのぞいた数だけ0をつけて答えとする。かけ算のきまりを使って考え方をしめしているので，前後の式をよく見て，あてはまる数を書こう。

2 (1) 23×3=69，0を1こつけて690である。
23×3は暗算でできるようにしよう。
(2) 7×4=28，0を2こつけて2800である。
(3) 62×8=496，0を2こつけて49600である。
62×8の計算は暗算，または筆算で出そう。
(4) 44×2=88，0を2こつけて8800である。
暗算でできるようにしよう。
(6) 34×27=918，0を2こつけて91800である。

3 3つの数のかけ算では，かけ算のじゅん番を入れかえることができる。2×5 や 8×5 など，かけると「何十」の数ができる2つの数があるときは，その組を先にかけ算することで，よりかんたんに答えを出すことができる。
(3) 25×4=100

4 (1) 2×5を先に10とすると暗算で答えが出る。
(2) 5×4=20，20×29=580
(3) 8×5=40，17×40=680
(4) 4×25=100を使って，暗算で答えを出せるようにしよう。

5 3650×20=73000(円)

6 580×30=17400(円)

上級レベル 54 かけ算の筆算 (4)

解答

1 (1) 1920 (2) 2950
(3) 469200 (4) 36000
(5) 56000 (6) 200000

2 (1) 930 (2) 9800
(3) 2880 (4) 3700
(5) 6800 (6) 700

3 (1)
```
        [4] 1 [7]
      × 2 [9] 3
      ----------
        1  2  5  1
    3 [7]  5  3
   [8] 3 [4]
  ---------------
  1  2  2  1  8  1
```
(2)
```
        [4][3] 3
      × 6  1 [7]
      ----------
        3 [0] 3  1
       [4] 3  3
    2 [5] 9  8
  ---------------
  2  6  7  1  6  1
```

4 540人

5 345 km 600 m

解説

1 (1) 48×4=192，0を1こつける。
(2) 59×5=295，0を1こつける。
(3) 92×51=4692，0を2こつける。
(4) 5×72=360，0を2こつける。360の0と，あとからつける0をまちがえないようにしよう。
(5) 35×16=560，0を2こつける。
(6) 8×25=200，0を3こつける。
8×25の計算は，8を2×4とみて，
2×4×25=2×100=200 と考えると，暗算でもとめることができる。

2 (1) 2×5 を先に 10 とする。
(2) 5×4 を先に 20 とする。
20×490 で，2×49=98 に 0 を 2 こつける。
(3) 8×5=40，72×40=2880
(4) 25×4 を先に 100 とする。
(5) くふうすると暗算で答えが出せる。8 を 4×2 とすると，25×8×34=25×4×2×34
=100×68=6800
(6) 25×28=25×4×7=700

3 (1)

```
      ア1イ
   × 2ウ3
   ------
     1251
   3エ53
  オ3カ
  -------
  122181
```

くり上がりに注意すると，下の4行のたし算から，カは4，エは7，オは8とわかる。
また，アイ×3=1251 より，アは4，イは7である。

(2)

```
      アイ3
   × 61ウ
   ------
     3エ31
    オ33
  2カ98
  -------
  267161
```

下の4行のたし算から，エは0，オは4，カは5とわかる。
また，アイ3×1=433 より，アは4，イは3である。

4 4×27×5=27×4×5=27×20=540(人)

5 1 日に 2 回走る。
1 日に走る道のりは，960×2=1920(m)
180 日で走る道のりをもとめる式は，1920×180 である。4 けた ×3 けたの計算だが，0 をのぞいた数の 192×18 を筆算で計算し，出した数に 0 を 2 こつけると答えが出る。たんいをなおすのをわすれないように気をつけよう。

55 最上級レベル 7

解答

1 (1) 21 cm (2) 16 cm (3) 7 cm
2 (1) 6，800 (2) 8300 (3) 2，700
(4) 1，500 (5) 1500
3 (1) 155241 (2) 318573
(3) 318010 (4) 406318
4 400 g
5 824 円
6 54312 円

解説

1 (1)正三角形は 3 辺の長さが等しいので，まわりの長さは，1 辺の長さの 3 倍である。
7×3=21(cm)
(2)正方形は 4 辺の長さが等しいので，まわりの長さは，1 辺の長さの 4 倍である。
4×4=16(cm)
(3)長方形にはたての辺が 2 本，横の辺も 2 本ある。
(たて 1 本)+(よこ 1 本)の長さは 46÷2=23(cm) となる。横の長さは，23−16=7(cm)

2 たしたり，ひいたりする 2 つの数のたんいがことなる場合は，たんいをそろえてから計算しよう。
(2) 2 kg 600 g+5700 g=2600 g+5700 g
=8300 g
(4) 6 t 200 kg−4 t 700 kg
=5 t 1200 kg−4 t 700 kg=1 t 500 kg

4 4 kg 200 g−3 kg 800 g=400 g

5 348×12=4176(円)
5000−4176=824(円)

6 学校全員の人数は 239+199=438(人) なので，
124×438=54312(円)

56 最上級レベル 8

解答

1 16 cm
2 16 こ
3 (1) 3，200 (2) 900 (3) 28 (4) 8000
4 (1) 22212 (2) 478720
(3) 63200 (4) 60000
(5) 5500 (6) 268000
5 1475 人
6 30950 円

解説

1 5 cm の辺が 2 本，3 cm の辺が 2 本ある。

2 ㋐のような直角三角形 1 つ分の形が 8 こ，㋑のような直角三角形 2 つ分の形が 4 こ，㋒のような直角三角形 4 つ分の形が 4 こあるので，全部で，
8+4+4=16(こ)

㋐ 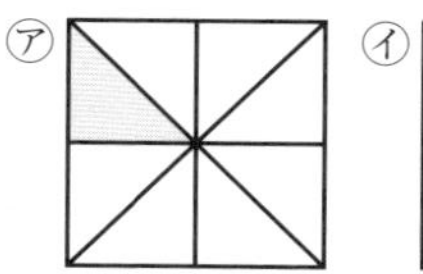 ㋑ 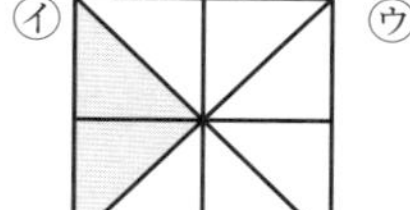 ㋒ 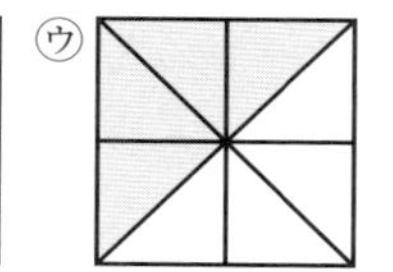

3 (2) 2 kg 700 g=2700 g，2700÷3=900(g)
(3) 700 kg×40=28000 kg=28 t

4 (3) 79×8=632，0 を 2 こつける。
(4) 24×25=600，0 を 2 こつける。
24=6×4 なので，24×25=6×4×25=600 のように暗算でもとめられる。
(5) 2×50=100 を先に計算する。
(6) 80×25=2000 を先に計算する。

5 108×14=1512(人)，1512−37=1475(人)

6 150×128=19200(円)
125×2×47=11750(円)
19200+11750=30950(円)

標準レベル 57 □を使った式 (1)

解答

❶ 18−□
❷ □×4
❸ □÷6
❹ (1)□+130(130+□)
(2)□+130=300 (3) 170g
❺ (式) □×3=390
(□の数) 130

解説

❶ たとえば，はじめに18まいあって，5まい使うと，のこりは18−5になる。このように，のこった色紙の数は（はじめにあったまい数）−（使ったまい数）でもとめることができる。はじめにあったまい数は18まい，使ったまい数は□まいなので，18−□と表すことができる。

❷ 青のテープの長さは赤のテープの4倍なので，青のテープの長さは（赤のテープの長さ）×4となる。
赤のテープの長さを□cmとすると，□×4(cm)

❸ □cmのリボンを同じ長さで6本に切り分けるので，1本の長さは□÷6(cm)である。

❹ (1)全体の重さはバターの重さ□gとお皿の130gの合計なので，□+130(g)である。
(2)(1)で表した式が300gになる。このことを等号(=)を使って「□+130=300」と書く。
(3)□+130=300となる□は，300−130=170としてもとめる。

❺ 代金は（ノート1さつのねだん）×（買ったさっ数）になる。ノート1さつのねだんが□円，買ったさっ数は3さつなので，□×3と表すことができる。
その代金が390円なので，式で表すと□×3=390になる。□の数は390÷3=130である。

上級レベル 58 □を使った式 (1)

解答

1 26+□−9
2 9−2−□
3 6×□+8
4 (1)6×□+4
(2)6×□+4=52
(3)8パック
5 (式) 6×□−12=30
(□の数) 7

解説

1 池にいるあひるの数は，
（はじめにいた数）+（とんできた数）−（とんでいった数）になる。はじめにいた数は26羽，とんできた数が□羽，とんでいった数は9羽なので，
26+□−9と表す。

3 □きゃくの長いすにすわっている子どもは6×□（人）で，8人立っているので，全部の子どもの数は
6×□+8(人)

4 (1)プリンの数は6こ入りパックが□つとばらの4この合計なので，6×□+4(こ)
(2)(1)で表した式が52と同じ数になる。このことを等号(=)を使って「6×□+4=52」と書く。
(3)パックになっているプリンの数は52−4=48(こ)で，これが1つのパックに6こずつ入っているので，パックの数は48÷6=8(パック)

5 はじめにあったみかんの数は，6×（箱の数）である。12こ食べて，30このこったので，6×□−12=30となる。はじめにあったみかんの数6×□は，
30+12=42(こ)
□の数は，42÷6=7

標準レベル 59 □を使った式 (2)

解答

❶ (式) 54−□=36
(答え) 18まい
❷ (式) 400+□=650
(答え) 250g
❸ (式) 1000−□=240
(答え) 760円
❹ (式) □×10=880
(答え) 88円
❺ (式) 8×□=56
(答え) 7箱

解説

❶ 54−□=36
54から□をひくと36になるので，□は54から36をひいてもとめる。
□=54−36=18
❷ 400+□=650
400と□をたすと650になるので，□は650から400をひいてもとめる。
□=650−400=250
❸ 1000−□=240
1000から□をひくと240になるので，□は1000から240をひいてもとめる。
□=1000−240=760
❹ □×10=880
□を10倍すると880になるので，□は880を10でわった数である。
□=880÷10=88
❺ 8×□=56
8を□倍すると56になるので，□は56を8でわってもとめる。□=56÷8=7

上級レベル 60 □を使った式 (2)

解答

1 (式) 8+4+□=18
(答え) 6本

2 (式) 9×□+3=75
(または 75−9×□=3)
(答え) 8ふくろ

3 (式) 80×6+□=500
(答え) 20円

4 (式) □÷7=12
(答え) 84まい

5 (式) 40×□+20=300
(または 300−40×□=20)
(答え) 7本

解説

1 全部のえん筆の本数は，(はじめに持っていた数)+(けいたからもらった数)+(ひろこからもらった数)なので，8+4+□=18
12+□=18
12と□をたすと18になるので，□は18から12をひいてもとめる。
□=18−12=6

2 75÷9=□あまり3 なので，たしかめの式より，
9×□+3=75
75から3をひくと9×□になるので，9×□は75から3をひいた数と等しいことがわかる。
9×□=75−3　9×□=72
9に□をかけると72になるので，□は72を9でわってもとめる。
□=72÷9=8

3 全部のねだんは(シュークリーム6この代金)+(箱のねだん)なので，80×6+□=500
480+□=500
480と□をたすと500になるので，□は500から480をひいてもとめる。
□=500−480=20

4 □÷7=12
□を7でわると12になるので，□は12に7をかけてもとめる。
□=12×7=84

5 3 m=300 cm だから，300÷40=□ あまり20
たしかめの式より，
40×□+20=300
300から20をひくと40×□になるので，40×□は，300から20をひいた数と等しいことがわかる。
40×□=300−20
40×□=280
4×7=28 なので，40×7=280 より□の数は7とわかる。

標準レベル 61 箱の形 (1)

解答

❶ (1) 2つ
(2) 4つ
(3) 4本
(4) 8本
(5) 8こ

❷ (1)㋒　(2)㋐　(3)㋑

❸ (1) 6つ
(2) 12本

解説

❶ 箱の形は6つの面からできていて，ちょう点が8こ，辺は12本ある。図の箱は，6つの面のうち2つの面が1辺の長さが5 cmの正方形，4つの面が2辺の長さが5 cmと8 cmの長方形である。また，12本の辺のうち5 cmの辺が8本，8 cmの辺が4本ある。

❷ 切り開いた図の6つの面の形に注目しよう。
(1)図は6つの長方形からできている。
(2)図は6つの正方形からできている。
(3)図は2つの正方形と4つの長方形からできている。
同じ四角形の組み合わせを，㋐〜㋒の中からえらぼう。

❸ 箱の形をした立体は，どんな形でも，面は6つ，辺は12本，ちょう点は8こである。

上級レベル 62 箱の形(1)

解答

❶ (1)8こ (2)4本 (3)4本 (4)4本
(5)68 cm

❷ (1)長方形 (2)4 cm (3)4 cm (4)辺スシ
(5)面㋔ (6)面㋒ (7)点キ

解説

❶ (1)ねん土玉は，ちょう点の数だけいる。
(5)4 cm，5 cm，8 cm の長さの辺がそれぞれ4本ずつあるので，
4×4=16(cm)，5×4=20(cm)，
8×4=32(cm)
16+20+32=68(cm)

❷ (2)辺エウと辺イウが重なり，辺イウと辺アセは長方形の向かい合う辺なので同じ長さである。辺アセは辺エウと同じ長さなので，4 cm である。
(3) 辺スセと辺アセは重なる。
(4)たての方向にまき取るように図を組み立てると，点ケと点アが重なる。さらに点アと点スが重なるので，点ケと点スは重なる。また，点コと点シが重なるので，辺ケコと辺スシが重なることになる。
(5)(6)組み立てると，同じ長方形の面が向かい合う。面㋐と面㋔は2辺が4 cm，10 cm の同じ長方形，面㋕と面㋒は2辺が8 cm，10 cm の同じ長方形である。
(7)組み立てると点オと点キが重なって，1つのちょう点になる。

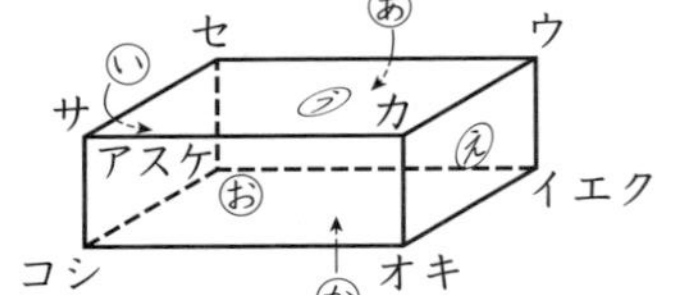

標準レベル 63 箱の形(2)

解答

❶ (1)6つ
(2)正方形
(3)8つ
(4)12本

❷ (1)120 cm (2)160 g

❸ (1)8 (2)9

❹ (1)

			2
4	1	3	6
	5		

(2)

3			
5	6	2	1
4			

(3)

	1		
2	3	5	4
6			

(4)

			4
1	2	6	5
3			

解説

❶ さいころの形は6つの正方形の面からできていて，同じ長さの辺が12本，ちょう点が8こある。

❷ (1)10 cm のはり金を12本使うので，
10×12=120(cm)
(2)20 g のねん土玉を8こ使うので，
20×8=160(g)

❸ さいころは1の目と6の目，2の目と5の目，3の目と4の目が向かい合う。
(1)正面の目は1と5なので，後ろの面は6と2になり，2つの目の数はあわせて8になる。

❹ 切り開いた図で，4つの正方形が1列にならんでいるとき，1つおきに，向かい合った面となる。たとえば，(1)の図の場合，4，1，3，6と1つおきの合計が7になるようにあてはまる数を書こう。

上級レベル 64 箱の形(2)

解答

❶ (1)14 (2)15

❷ (1)26こ (2)27こ

❸ (1) (2) (3) (4)

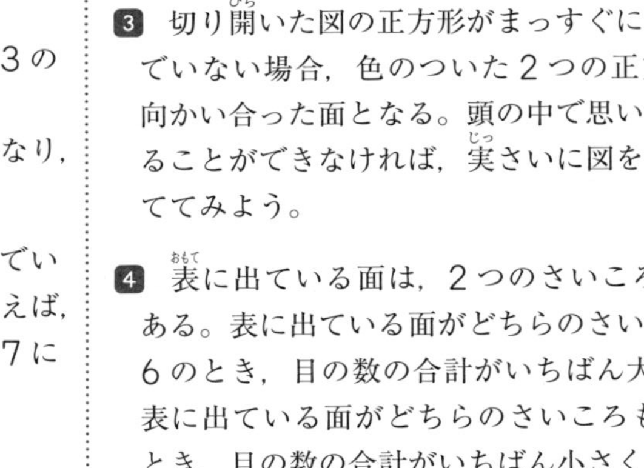

❹ (1)36 (2)20

解説

❶ (1)正面の目は，1，2，4なので，後ろの面は6，5，3になり，目の数の合計は 6+5+3=14
(2)正面の目は，2，2，3，6なので，後ろの面は5，5，4，1になり，目の数の合計は 5+5+4+1=15

❷ 上のだんからじゅんに，さいころの形の数を数えてたしていく。
(1) 1+6+8+11=26(こ)
(2) 2+4+7+14=27(こ)

❸ 切り開いた図の正方形がまっすぐにならんでいない場合，色のついた2つの正方形は向かい合った面となる。頭の中で思いうかべることができなければ，実さいに図を組み立ててみよう。

❹ 表に出ている面は，2つのさいころをあわせて8面ある。表に出ている面がどちらのさいころも3，4，5，6のとき，目の数の合計がいちばん大きくなる。また，表に出ている面がどちらのさいころも1，2，3，4のとき，目の数の合計がいちばん小さくなる。

標準レベル 65 円と球 (1)

解答

❶ (1) 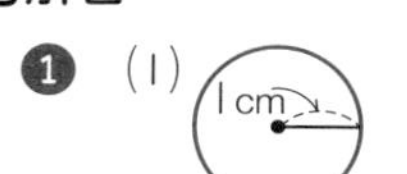

(2) 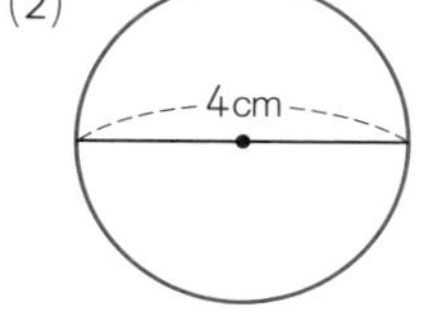

❷ (1) 20 cm
(2) 12 cm
(3) 16 cm

❸ (1) 16 cm
(2) 24 cm

❹ (1) 6 cm
(2) 6 cm
(3) 3 cm

解説

❶ (2)直径が 4 cm の円なので，コンパスを使って，半径 2 cm の円をかこう。

❷ (2)小さい円の直径は，大きい円の直径と重なり，小さい円は大きい円の中心を通っている。このことから，大きい円の半径は，小さい円の直径と等しく，
3×2=6(cm)
大きい円の直径は 6×2=12(cm)
(3)円の半径は正三角形の 1 辺の長さと等しく，
24÷3=8(cm) なので，円の直径は，
8×2=16(cm)

❸ 箱のたての長さはボールの直径の 2 倍，横の長さはボールの直径の 3 倍である。
(1) 8×2=16(cm)
(2) 8×3=24(cm)

❹ 小さい円の直径は，大きい円の半径と等しいので，
12÷2=6(cm)，小さい円の半径は 6÷2=3(cm)

上級レベル 66 円と球 (1)

解答

❶ しょうりゃく
❷ 18 cm
❸ (1) 7cm (2) 14cm (3) 42cm
❹ (1) 8 こ (2) 48cm (3) 8cm

解説

❶ (1) 1 辺が 4 cm の正方形の 4 つのちょう点を中心として，半径 4 cm の円の一部を正方形の中に 4 つかこう。
(2) 1 辺が 4 cm の正方形の 4 つのちょう点を中心として，半径 2 cm の円の一部と，正方形の 4 つの辺のまん中の点を中心として，半径が 2 cm の半円 4 つを正方形の中にかこう。

❷ 正三角形のまわりの長さは，円の半径の 3 倍である。円の半径は 12÷2=6(cm) なので，正三角形のまわりの長さは 6×3=18(cm)

❸ 箱の横の長さは，ボールの直径の 3 倍，たての長さはボールの直径の 2 倍である。
(1) 21÷3=7(cm)
(2) 7×2=14(cm)
(3)箱の 4 つのすみにあるボールの中心をむすぶと，たてがボールの直径の長さで，横がボールの直径の 2 倍の長さの長方形になる。
7×2+14×2=42(cm)

❹ (1)大きい円が 1 こ，小さい円が 7 この合計 8 この円がある。
(2)直径は半径の 2 倍なので，
24×2=48(cm)
(3)大きい円の直径は，小さい円の半径の 6 倍なので，
小さい円の半径は，
48÷6=8(cm)

標準レベル 67 円と球 (2)

解答

❶ しょうりゃく
❷ 円，中心
❸ (1) 6 cm
(2) 3 cm
❹ (1) 4 cm
(2) 32 cm
(3) 80 cm

解説

❷ 球はどこを切っても，切り口は円になる。また，切り口が中心に近づくにつれて切り口の円は大きくなり，中心を通るように切るといちばん大きくなる。りんごやすいかを切るときのようすを考えてみよう。

❸ (1)正方形のまわりの長さは 1 辺の長さの 4 倍なので，1 辺の長さは，24÷4=6(cm) になる。
(2)正方形の 1 辺は円の直径と同じ長さである。
半径は直径 6 cm の半分なので，3 cm である。

❹ 長方形の中に円がきっちり 4 つ入っている。たての長さは円の直径と等しく 8 cm，横の長さは円の直径の 4 倍である。
(1)長方形のたての長さ 8 cm が円の直径に等しいので，半径は 8 cm の半分で 4 cm である。
(2)長方形の横の長さは円の直径の 4 倍なので，
8×4=32(cm)
(3)長方形のまわりの長さはたてと横の辺それぞれ 2 つ分なので，8+32=40，40×2=80(cm)

上級レベル 68 円 と 球 (2)

☑解答

1 しょうりゃく
2 (1) 6 cm (2) 7 こ
3 12 こ
4 24cm
5 (1) 15 cm (2) 22 cm (3) 1 cm

解説

1 右のもようは，下の図のような点を中心として，円や円の一部をかこう。

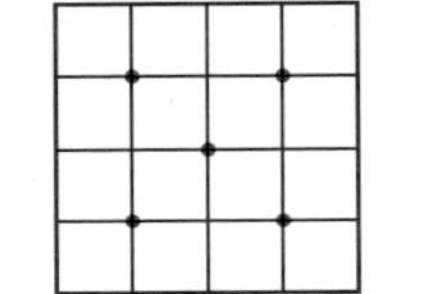

2 (1)つつの形の横(よこ)の面(めん)は円の形である。円の直径(ちょっけい)はボールの直径と同じで 6 cm である。
(2)図のようにボールをつめると，直径 6 cm のボールが横にならぶ。42 cm になるまで入れることができるので，42÷6=7 より，7 こまで入れることができる。

3 ボールの直径は 6 cm なので，箱(はこ)のたての長さは直径の 18÷6=3(倍(ばい))，横の長さは直径の 24÷6=4(倍)
したがって，箱には，3×4=12(こ) のボールが入る。

4 大きい円の直径は，半径 9 cm の円の直径と半径 3 cm の円の直径をあわせた長さなので，
9×2=18(cm)，3×2=6(cm)
18+6=24(cm)

5 (1)円オの直径は，円ア，円イ，円ウ，円エの直径をあわせた長さなので，4+6+8+12=30(cm)
円オの半径は，30÷2=15(cm)
(2)円アの中心から円エの中心までの長さは，円アの半径と円イの直径，円ウの直径，円エの半径をあわせた長さになる。2+6+8+6=22(cm)
(3)円アの中心から円ウの中心までの長さは，
2+6+4=12(cm)
円アの中心から円オの中心までの長さは，
15−2=13(cm)
このことから，円ウの中心から円オの中心までの長さは，
13−12=1(cm)

69 最上級レベル 9

☑解答

1 (式) 650+□=780
(答え) 130 g
2 (1) 6 (2) 1
3 (1) 2 つ (2) 4 本 (3) 8 こ
4 4 cm
5 20 こ

解説

1 全部(ぜんぶ)の重(おも)さは (油(あぶら)の重さ)+(びんの重さ) で，これが 780 g になるので，650+□=780
□=780−650=130(g)

2 下の図は，さいころを上から見た図で，まわりの面が見えるようにかいてある。

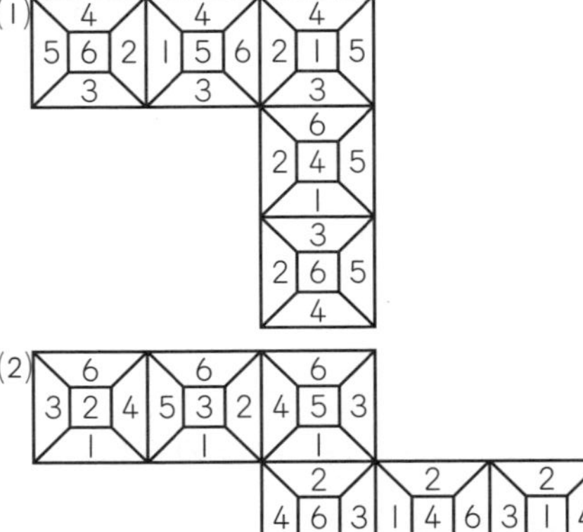

3 (1)箱の形には，同じ大きさで同じ形の長方形の面がそれぞれ 2 つずつ，3 組ある。
(2)箱の形には，同じ長さの辺(へん)がそれぞれ 4 本ずつ，3 組ある。
(3)箱の形やさいころの形にはちょう点が 8 こある。

4 図より，アからイまでの長さは円の半径の 6 倍とわかる。
円の半径は，24÷6=4(cm)

5 たての長さはボールの直径の 4 倍だから，ボールの直径は，20÷4=5(cm)
25÷5=5 より，横の長さは直径の 5 倍である。
したがって，この箱にはボールが 4×5=20(こ) 入る。

70 最上級レベル ⑩

解答

1 □×2+12

2 (式) 360×4+□=1560
(答え) 120円

3 (式) 30×□+10=700
(または 700−30×□=10)
(答え) 23本

4 (1) 55こ (2) 49こ (3) 75こ

5 (1) 12 cm (2) 16 cm (3) 4倍

解説

1 全部の本の数は
(2つの大きい箱に入れた本の数)+(小さい箱に入れた本の数) だから，□×2+12

2 ケーキのねだんは，360×4=1440(円) なので，
□=1560−1440=120(円)

3 7 m=700 cm だから，700÷30=□あまり 10
たしかめの式より，30×□+10=700
30×□=690，□=690÷30=23

4 上のだんからじゅんに，さいころの形の数を数えてたしていく。
(1) 1+4+9+16+25=55(こ)
(2) 2+4+6+9+12+16=49(こ)
(3)いちばん上のだんは4こ，上から二だん目は4+4=8(こ)，三だん目は 8+7=15(こ)，四だん目は 15+7=22(こ)，五だん目は 22+4=26(こ) のさいころがある。合計すると，4+8+15+22+26=75(こ) のさいころの形がある。

5 円㋐の半径は，26−20=6(cm)
円㋒の半径は，6×2=12(cm)
円㋑の半径は，20−12=8(cm)

標準レベル 71 分　数 (1)

解答

1 (1)(2)
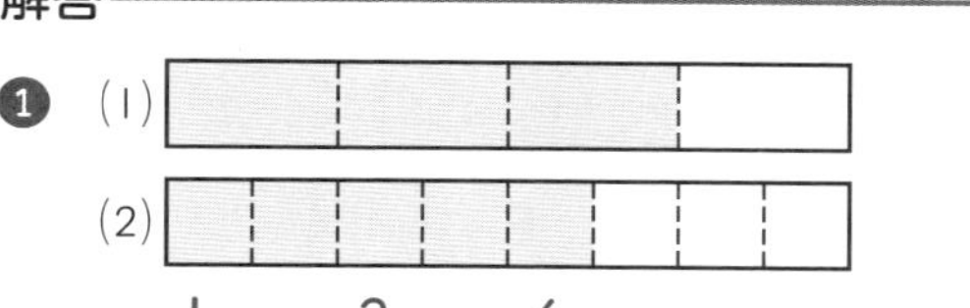

2 (1) $\frac{1}{8}$ (2) $\frac{3}{8}$ (3) $\frac{6}{8}$

3 (1) $\frac{1}{2}$ L (2) $\frac{2}{3}$ L

4 (1) $\frac{2}{7}$ (2) $\frac{3}{5}$ (3) $\frac{1}{9}$ (4) 3 (5) $\frac{10}{7}$，$\frac{2}{7}$

5 (1) > (2) < (3) < (4) <

解説

1 (1) 1 mを4等分した長さの3つ分になる。
(2) 1 mを8等分した長さの5つ分になる。

2 0から1までの間が8等分されているので，分母が8の分数で表す。

3 (1)は1Lを2等分して1こに色がぬってあるので，かさは $\frac{1}{2}$ L，(2)は1Lを3等分して2こに色がぬってあるので，かさは $\frac{2}{3}$ Lである。

4 (1) 1 mのひもを7等分したとき，1つ分は $\frac{1}{7}$ m。
2 mのひもを7等分すると，1つ分は $\frac{1}{7}$ mの2つ分の長さになる。

5 分数は，分母が等しいときは分子が大きい分数が大きくなり，分子が等しいときは分母が小さい分数が大きくなる。また，分子が分母より小さいときは1より小さく，分子が分母より大きいときは1より大きい分数になる。

上級レベル 72 分　数 (1)

解答

1 (1) $\frac{5}{16}$ (2) $\frac{13}{32}$ (3) $\frac{2}{4}$

2 (1) $\frac{2}{7}$ (2) $\frac{6}{7}$ (3) $\frac{8}{7}$ (4) $\frac{11}{7}$

3 (1) < (2) > (3) > (4) >

4 (1) 50 (2) 8 (3) $\frac{20}{5}$，4 (4) 40 (5) 480

5 (1)(左から) 6，8，30
(2)(左から) 9，35

解説

1 (1)は円が16等分されて5こに色がぬってあり，(2)は正方形が32等分されて13こに色がぬってあり，(3)は長方形が4等分されて2こに色がぬってある。

2 0から1までの間が7等分されている。

3 (2) 2は分母が20の分数で表すと $\frac{40}{20}$ である。
(3)分子が同じ分数なので，分母の数が小さいほうが大きい数になる。
(4) $\frac{2}{3}=\frac{4}{6}$ なので，$\frac{2}{3}$ は $\frac{3}{6}$ より大きいことがわかる。

4 (2) $1=\frac{27}{27}$，27−19=8 より，$\frac{8}{27}$ だけ小さい。
(3) $\frac{5}{5}=1$，$\frac{10}{5}=2$，$\frac{15}{5}=3$，$\frac{20}{5}=4$
20÷5=4 に気がつけばかんたんである。
(4) 60分を3等分した2つ分なので40分。
(5) 6等分すると80 gになったので，80×6=480(g)

5 分数は，分母と分子に同じ数をかけても，分母と分子を同じ数でわっても同じ大きさになる。

標準レベル 73 分数 (2)

解答

❶ (1) $\frac{3}{4}$ (2) $\frac{4}{7}$ (3) $\frac{7}{8}$ (4) 1
(5) $\frac{6}{7}$ (6) $\frac{5}{8}$ (7) $\frac{4}{5}$ (8) $\frac{7}{9}$

❷ (1) $\frac{3}{5}$ (2) $\frac{5}{8}$ (3) $\frac{3}{7}$ (4) $\frac{2}{4}$
(5) $\frac{1}{6}$ (6) $\frac{5}{9}$ (7) $\frac{1}{3}$ (8) $\frac{2}{9}$

❸ $\frac{5}{7}$ dL ❹ $\frac{8}{9}$ kg

❺ $\frac{4}{6}$ L ❻ $\frac{3}{8}$ 本

解説

❶ 分母が等しい分数のたし算である。分母はそのままで，2つの分数の分子をたす。分母と分子が同じになったときは，1と答えよう。

(4) $\frac{1}{6}+\frac{5}{6}=\frac{6}{6}=1$

❷ 分母が等しい分数のひき算である。1から分数をひく場合は，1を分母と分子が等しい分数になおして計算する。

(7) $1-\frac{2}{3}=\frac{3}{3}-\frac{2}{3}=\frac{1}{3}$

❸ $\frac{3}{7}+\frac{2}{7}=\frac{5}{7}$ (dL)

❹ $\frac{7}{9}+\frac{1}{9}=\frac{8}{9}$ (kg)

❺ $\frac{5}{6}-\frac{1}{6}=\frac{4}{6}$ (L)

❻ $1-\frac{5}{8}=\frac{8}{8}-\frac{5}{8}=\frac{3}{8}$ (本)

上級レベル 74 分数 (2)

解答

1 (1) $\frac{5}{6}$ (2) $\frac{5}{7}$ (3) $\frac{12}{8}$ (4) 1
(5) $\frac{14}{12}$ (6) $\frac{17}{15}$ (7) $\frac{5}{3}$ (8) $\frac{14}{5}$

2 (1) $\frac{2}{8}$ (2) $\frac{3}{10}$ (3) $\frac{5}{7}$ (4) $\frac{8}{9}$
(5) $\frac{4}{15}$ (6) $\frac{6}{23}$ (7) $\frac{7}{12}$ (8) $\frac{5}{4}$

3 $\frac{12}{7}$ m 4 $\frac{10}{8}$ kg

5 $\frac{4}{3}$ dL 6 $\frac{2}{7}$ L

解説

1 (7) $1+\frac{2}{3}=\frac{3}{3}+\frac{2}{3}=\frac{5}{3}$

(8) $\frac{4}{5}+2=\frac{4}{5}+\frac{10}{5}=\frac{14}{5}$

2 (7) $1-\frac{5}{12}=\frac{12}{12}-\frac{5}{12}=\frac{7}{12}$

(8) $2-\frac{3}{4}=\frac{8}{4}-\frac{3}{4}=\frac{5}{4}$

3 $1+\frac{5}{7}=\frac{7}{7}+\frac{5}{7}=\frac{12}{7}$ (m)

4 $\frac{3}{8}+\frac{5}{8}+\frac{2}{8}=\frac{10}{8}$ (kg)

5 $2-\frac{2}{3}=\frac{6}{3}-\frac{2}{3}=\frac{4}{3}$ (dL)

6 $1-\frac{3}{7}-\frac{2}{7}=\frac{7}{7}-\frac{3}{7}-\frac{2}{7}=\frac{2}{7}$ (L)

標準レベル 75 小数 (1)

解答

❶ (1) 0.7 L (2) 1.9 L

❷ (1) 0 1 2 3(m)
(2) 0 1 2 3(m)

❸ (1) 2.3 cm (2) 5.8 cm
(3) 0.9 cm (4) 11.2 cm

❹ (1) 3.4 (2) 0.6 (3) 2.4
(4) 75 (5) 3 (6) 4.8

❺ (1) 16.8 (2) 0.5 (3) 0.8 (4) 2.7

解説

❷ 小さい目もりが 0.1 m を表(あらわ)している。

❸ 小さい目もりは 1 mm=0.1 cm を表している。
(1) 2 cm と 3 mm をあわせて 2.3 cm である。
(4) 10 cm の目もりを使(つか)って読み取(と)る。

❹ (3) 0.1 を 10 こ集(あつ)めた数は 1 なので，0.1 を 24 こ集めた数は 2.4 である。
(5)ある数を 10 倍(ばい)すると，ある数の小数点が 1 つ右にうつる。0.3 を 10 倍すると，3 の右に小数点がうつる。
(6)ある数を 10 でわると，ある数の小数点が 1 つ左にうつる。48 を 10 でわると，一の位の数の 8 の右にあった小数点が 1 つ左にうつって 4 の右につく。

❺ (1) 10 mm=1 cm，1 mm=0.1 cm である。mm を cm になおすときは数を 10 でわるので，168 の 8 の右にあった小数点が 1 つ左にうつって 16.8 になる。
(2) 10 dL=1 L，1 dL=0.1 L である。dL を L になおすときも数を 10 でわるので，5 の右の小数点が 1 つ左にうつって 0.5 L になる。
(3) 1000 g=1 kg，100 g=0.1 kg，800 g=0.8 kg
(4) 700 g=0.7 kg と 2 kg をあわせる。

上級レベル 76 小数(1)

解答

❶ (1)(2)

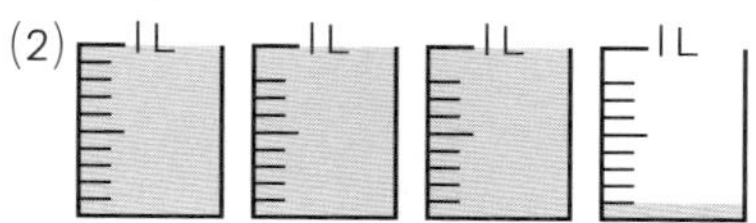

❷ (1) 3.6　(2) 5.2　(3) 2.9

❸ (1) <　(2) <　(3) >　(4) >

❹ (1) 6.4　(2) 314　(3) 7.9
(4) 230.7　(5) 25　(6) 29.3

❺ (1) 6.3　(2) 4，800
(3) 2480　(4) 1250000

解説

❶ 小さい目もりが 0.1 L を表している。

❷ 3 と 4 の間が 10 等分されているので，1 目もりは 0.1 を表している。
(3) 3 より 0.1 小さい数なので，2.9

❸ (3) 3.8 km=3800 m，3 km 90 m=3090 m
(4) mL にそろえると，1.5 dL=150 mL

❹ (4) 10 を 23 こ集めると 230，0.1 を 7 こ集めると 0.7 で，その合計は 230.7 になる。
(5) 2.5 を 10 倍すると小数点が 1 つ右にうつり，25 になる。
(6) 293 を 10 でわると小数点が 1 つ左にうつり，29.3 になる。

❺ (3) 1 dL=100 mL なので，24.8 dL は 24.8×100(mL) になる。100 倍すると，小数点が 2 つ右にうつって，24.8 dL=2480 mL
(4) 1 km=1000 m より，12.5 km=12500 m，1 m=100 cm なので，12500 m=1250000 cm

標準レベル 77 小数(2)

解答

❶ (1) 0.9　(2) 1　(3) 3.6　(4) 9
(5) 0.9　(6) 2.5　(7) 1.7　(8) 1.7

❷ (1) 4.8　(2) 8.3　(3) 5.1　(4) 5.7

❸ (左から) $\frac{1}{10}$，$\frac{3}{10}$，$\frac{7}{10}$

❹ 8.6 L

❺ 2.2 L

❻ はくさいが 0.7 kg 重い。

❼ 5.7 m

❽ 15.4 cm

解説

❶ くり上がり，くり下がりに注意して計算する。
(2)計算すると小数第一位の数が 0 になる。0 は書かずに整数で答える。

❷ 整数のたし算やひき算の筆算と同じように計算する。文章題などで筆算の式を自分で書くときには，同じ位の数をたてにそろえて書くことと小数点に気をつけよう。

❸ 0 と 1 の間を 10 等分すると，1 目もりが $\frac{1}{10}$ を表す。0.1 と $\frac{1}{10}$ は同じ大きさの数である。

❹ 3.7+4.9=8.6(L)

❺ 0.4+1.8=2.2(L)

❻ 2.1−1.4=0.7(kg)

❼ 23.5−17.8=5.7(m)
暗算でもとめられないときは，筆算で計算しよう。

❽ 2 本のテープの長さをあわせて，つなぎめの長さをひく。
7.5+9.7−1.8=15.4(cm)

上級レベル 78 小数(2)

解答

❶ (1) 6.3　(2) 6　(3) 9.3　(4) 2.6
(5) 2.6　(6) 2.2　(7) 4.6　(8) 0.7

❷ (1) 20　(2) 17.3　(3) 0.7　(4) 13.6

❸ (左から) $\frac{3}{10}$，$\frac{8}{10}$，$\frac{17}{10}$，$\frac{23}{10}$

❹ バケツが 2.8 L 多い。

❺ 3.2 L

❻ 4.9 kg

❼ (1) 3.3 g　(2) 257 g

解説

❶ くり上がり，くり下がりに注意して計算する。

❷ (2)(4)は小数第一位の数が 0 と考えて計算する。

❸ 1 目もりが $\frac{1}{10}$ を表している。1.7 は $\frac{17}{10}$，2.3 は $\frac{23}{10}$ と同じ大きさの数である。

❹ 多いほう(バケツ)から，少ないほう(おけ)をひく。
12.4−9.6=2.8(L)

❺ 5.3−1.2−0.9=3.2(L)

❻ 7.2−0.4−1.9=4.9(kg)
計算は 2 つの式に分けて，
0.4+1.9=2.3，7.2−2.3=4.9 としてもよい。

❼ (1)いちばん重い 62.1 g からいちばん軽い 58.8 g をひく。
62.1−58.8=3.3(g)
(2) 3 つのたまごと皿の重さを全部たす。
60.7+58.8+62.1+75.4 を，前からじゅんに計算する。

標準レベル 79 わり算の筆算 (1)★

解答

❶ (1) 8あまり3　(2) 9　(3) 9あまり1
(4) 8　(5) 6あまり3　(6) 5あまり5
(7) 7あまり5　(8) 8　(9) 9あまり3

❷ (1) 23　(2) 16あまり2
(3) 13　(4) 16あまり4
(5) 28あまり2　(6) 16
(7) 24　(8) 18あまり1

解説

❶ はじめにたてる数(わり算の答えの数)は，わる数のだんの九九で，わられる数をこえないものをさがす。

(1)わる数「4」のだんの九九で，わられる数「35」をこえないものは，4×8=32 なので，8をたてる。

35−32=3 より，あまりは3

```
     8
 4)35
   32
    3
```

(2)わりきれる計算でも，筆算(ひっさん)は同じように書いて進(すす)める。ひいてあまりを出すらんには0を書く。

```
     9
 6)54
   54
    0
```

❷ わられる数の十の位(くらい)の数がわる数より大きいので，十の位から答えの数がたつ。書き方をしっかり身につけよう。

(1)わり切れるので，あまりを出すらんに0を書く。

```
    23
 4)92
   8
   12
   12
    0
```

上級レベル 80 わり算の筆算 (1)★

解答

❶ (1) 7　(2) 8　(3) 7
(4) 6　(5) 8　(6) 6

❷ (1) 6あまり2　(2) 9あまり2
(3) 7あまり2　(4) 6あまり1
(5) 7あまり2　(6) 3あまり1

❸ (1) 18　(2) 25
(3) 16あまり1　(4) 19
(5) 11あまり6　(6) 28あまり1
(7) 15　(8) 15あまり1
(9) 12あまり5

❹ 17本

解説

❶
```
(1)     7      (4)     6
     4)28           6)36
       28             36
        0              0
```

❷
```
(1)     6      (4)     6
     3)20           7)43
       18             42
        2              1
```

❸
```
(1)    18      (3)    16
     2)36           4)65
       2              4
       16             25
       16             24
        0              1

(6)    28      (7)    15
     2)57           5)75
       4              5
       17             25
       16             25
        1              0
```

❹ 68÷4=17(本)

標準レベル 81 わり算の筆算 (2)★

解答

❶ (1) 21あまり3　(2) 31
(3) 12あまり2　(4) 21

❷ (1) 195あまり1　(2) 124
(3) 169あまり2　(4) 213
(5) 402あまり1

❸ (1) 89あまり1　(2) 74
(3) 97あまり3　(4) 52

❹ 126ふくろ

解説

❶ 十の位の数がわり切れるとき，筆算の書き方に注意(ちゅうい)しよう。

```
    21
 4)87
   8
    7   ← 0は書かない
    4
    3
```

❷
```
(1)   195      (4)   213
    2)391          3)639
      2              6
      19              3
      18              3
       11              9
       10              9
        1              0
```

❸
```
(1)    89      (4)    52
    3)268          4)208
      24             20
       28              8
       27              8
        1              0
```

❹ 756÷6=126(ふくろ)

上級レベル 82 わり算の筆算 (2)★

解答

1 (1) 16 (2) 14 あまり 2
(3) 13 (4) 15
(5) 10 あまり 5 (6) 11
(7) 12 あまり 4 (8) 11 あまり 5
(9) 24

2 12日

3 (1) 183 あまり 3 (2) 72 あまり 2
(3) 112 あまり 3 (4) 203 あまり 1
(5) 40 あまり 5 (6) 160

4 19 グループできて，5 人あまる。

5 172 こできて，2L のこる。

解説

1 (1)
```
     16
 3 ) 48
     3
     18
     18
      0
```
(5)
```
     10
 7 ) 75
     7
      5
```
(6)
```
     11
 9 ) 99
     9
      9
      9
      0
```

2 70÷6=11 あまり 4
6 ページずつ 11 日練習(れんしゅう)して 4 ページのこるので，12 日かかる。

3 (3)
```
     112
 6 ) 675
     6
      7
      6
      15
      12
       3
```
(4)
```
     203
 4 ) 813
     8
      13
      12
       1
```
(5)
```
      40
 9 ) 365
     36
      5
      0
      5
```

4 138÷7=19 あまり 5

5 690÷4=172 あまり 2

83 最上級レベル 11

解答

1 (1) 1 (2) $\frac{9}{7}$ (3) $\frac{4}{8}$ (4) $\frac{1}{6}$

2 (1) 1.4 (2) 3.3 (3) 1.6 (4) 1.4

3 (1) 8.6 (2) 0.3 (3) 3400 (4) 500

4 (1) 17 (2) 12 あまり 4 (3) 187 (4) 132

5 26 本

6 21 人に配(くば)れて，4 まいあまる。

解説

1 (4) 1 は $\frac{6}{6}$ として計算しよう。

3 (1) 1000 mL=1 L，100 mL=0.1 L なので
8600 mL=8.6 L
mL を L になおすには 1000 でわるので，
小数点を 3 つ左にうつす。
(2) 1 dL=0.1 L
(3) 1 km=1000 m，0.1 km=100 m なので
3.4 km=3400 m
km を m になおすには 1000 倍するので，小数点を 3 つ右にうつすと考える。
3.4 → 3400.
(4) 0.1 kg=100 g

4 (2)
```
     12
 7 ) 88
     7
     18
     14
      4
```
(3)
```
     187
 4 ) 748
     4
     34
     32
      28
      28
       0
```

5 78÷3=26(本)

6 130÷6=21 あまり 4

84 最上級レベル 12

解答

1 (1) $\frac{10}{9}$ (2) $\frac{7}{5}$ (3) 1 (4) $\frac{4}{7}$

2 (1) 16.1 (2) 41.1 (3) 10.8 (4) 5.8

3 (1) 1.8 (2) 20.6 (3) 34.7

4 (1) 23 あまり 3 (2) 14
(3) 130 あまり 4 (4) 326
(5) 203 あまり 3 (6) 301

5 144 まい

6 116 こずつ配れて，4 こあまる。

解説

3 (1) 100 cm=1 m，10 cm=0.1 m なので
180 cm=1.8 m
cm を m になおすには 100 でわるので，小数点を 2 つ左にうつす。
(2) 2 L 60 mL=2060 mL
100 mL=1 dL

4 (3)
```
     130
 6 ) 784
     6
     18
     18
       4
       0
       4
```
(4)
```
     326
 3 ) 978
     9
      7
      6
      18
      18
       0
```
(5)
```
     203
 4 ) 815
     8
      15
      12
       3
```
(6)
```
     301
 3 ) 903
     9
       3
       3
       0
```

5 432÷3=144(まい)

6 700÷6=116 あまり 4

標準レベル 85 表とグラフ (1)

解答

1 (1) すきなくだもの

くだもの	人数(人)	
いちご	正 下	9
みかん	正 正 T	12
メロン	下	4
すいか	下	3
その他	正 下	8

(2)いちご

(3) 36人

2 (1)白

(2) 6人

(3) 3人

(4) 40人

3 (1) 3年生が住んでいる場所（ばしょ） (人)

場所＼組	1組	2組	3組	合計
東町	8	10	9	27
西町	7	7	3	17
南町	6	5	4	15
北町	12	8	14	34
合計	33	30	30	93

(2) 30人

(3) 15人

解説

1 (1)「正」の字1つで5人である。いちごは「5と4で9人」，みかんは「10と2で12人」のように，5や10を使（つか）ってすばやく数えよう。

(2)正の字ができあがっているものと書きかけのものに注意（ちゅうい）する。みかんがいちばん多く，いちごが2番目に多いことがわかる。

(3) 9+12+4+3+8=36(人)

2 (1)ぼうの長さがいちばん長い(高い)色を答える。

(2)左の目もりの数を読みとる。

(3)青と赤のぼうの高さのちがいが何目もりか数える。

(4)それぞれの色の人数を調（しら）べてたし算する。

3 (1)まず，東町，西町，南町，北町のそれぞれの横（よこ）の数をたして合計をもとめて右のらんに書く。つぎに，1組，2組，3組のたての合計をもとめて下のらんに書く。さいごに，右のらんの合計と下のらんの合計が合うことをたしかめよう。

上級レベル 86 表とグラフ (1)

解答

1 (1) すきなくだもの (人)

組	1組	2組	3組	合計
バナナ	5	7	4	16
メロン	11	6	10	27
りんご	6	10	9	25
いちご	7	9	8	24
その他	2	1	2	5
合計	31	33	33	ア97

(2)メロン

(3) 3年生全体の人数

2 (1) 6人

(2)

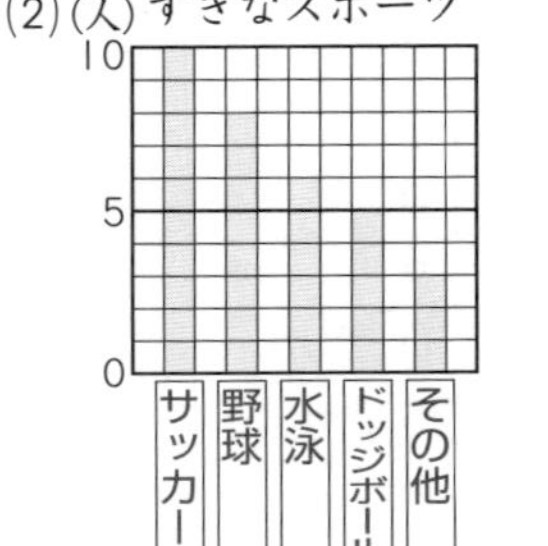

3 (1) 図書館でかりられた本 (さつ)

本＼月	4月	5月	6月	合計
物語	12	15	21	48
図かん	4	7	13	24
ざっし	18	14	14	46
まんが	16	13	23	52
合計	50	49	71	170

(2)物語

解説

1 (1)それぞれのくだものの数を横にたして，右のらんに書く。右のらんをたてにたした数は，

16+27+25+24+5=97

1組，2組，3組の人数の合計は，

31+33+33=97

右のらんの合計と下のらんの合計が合うことをたしかめよう。

(3) 3年生全部（ぜんぶ）の人数という意味（いみ）のことばであれば正かいである。

2 (1) 32−10−8−5−3=6(人)

3 (1)表の横，たての数のならびで，1か所だけあいているところをうめていく。

物語の5月は，48−12−21=15

図かんの6月は，24−4−7=13

4月の合計は，12+4+18+16=50

さいごに，たてと横の合計が合うことをたしかめよう。

標準レベル 87 表とグラフ (2)

解答

❶ (1) 1目もり 10人，ぼう 70人
(2) 1目もり 50 m，ぼう 550 m

❷ (1) 5分
(2) 金曜日が 20分長い。
(3) 4時間 35分

❸ (1) 6人 (2) 30人 (3) 14人
(4) やきそばとあげパン
(5) ハンバーグ

解説

❶ (1) 5目もりで 50人なので，1目もりは 10人。ぼうは 7目もり分なので，70人を表(あらわ)している。
(2) 10目もりで 500 m なので，1目もりは 50 m である。
ぼうは 500 m から 1目もりだけ多いので，550 m を表している。

❷ (1) 10分ごとに区切(くぎ)られた線の間が 2目もり分なので，1目もりは 5分。
(2) 金曜日のほうがぼうが長く，ちがいは 4目もり分。
(3) 右の図のように，グラフの上に「1時間」や「30分」のまとまりをつくると，はやく正かくに読みとることができる。

❸ (1)「カレー」の左のぼうを読む。
(2) それぞれの左のぼうが表す数をたす。
6+8+10+6=30(人)
(3)「やきそば」の 2本のぼうが表す数をあわせる。
8+6=14（人）
(4) 左のぼうが右のぼうより高いきゅう食をえらぶ。
(5)「カレー」は，6+12=18(人)
「ハンバーグ」は，10+10=20(人)

上級レベル 88 表とグラフ (2)

解答

1 (1) 350円 (2) 1850円

2

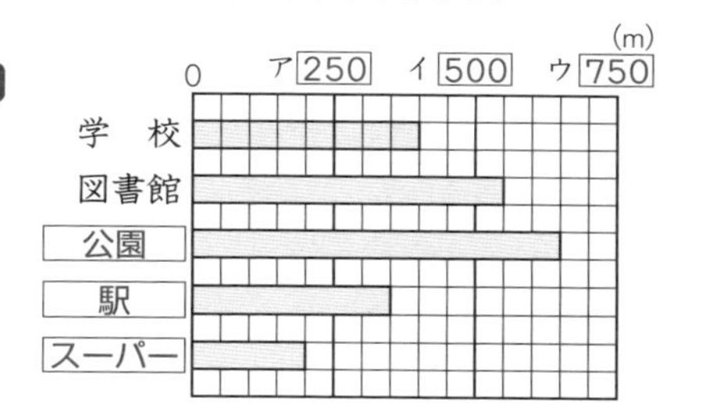

3 (1) いちごとバナナ
(2) いちご
(3)

（くだもののならびかたのじゅん番はちがっていてもよい。）

解説

1 (1) 10目もりで 500円なので，1目もりは 50円。目もりのちがいは 7目もり分なので，
50×7=350(円)
グラフの上で 2目もりごとに 100円，200円，300円と読みとってもよい。

2 (1) 400 m の学校が 8目もりなので，1目もりは 50 m である。したがって，左からじゅんに 250 m，500 m，750 m となる。
(2) 1目もりが 50 m なので，550 m の図書館(としょかん)は 500 m の線から右に 1目もり分のところになる。

3 1組と 2組のそれぞれのグラフでは，左からすきな人が多いじゅんにならんでいる。1組と 2組でくだもののじゅん番が入れかわっているのは，1組と 2組ではすきなくだもののじゅん番がちがっているからである。
(1) くだもののしゅるいごとに 1組と 2組の人数(ぼうの高さ)をくらべ，2組が多いものを答える。
(2) くだもののしゅるいごとに 1組と 2組の人数をあわせると，りんご…12+6=18(人)
いちご…8+12=20(人)
バナナ…4+10=14(人)
みかん…4+2=6(人)
(3) いちごのらんのグラフにならって，左に 1組のぼう，右に 2組のぼうをならべてかく。
解答(かいとう)は合計が多いじゅんで，左からりんご，バナナ，みかんとならんでいるが，じゅん番がちがっていてもよい。

標準レベル 89 表を使った問題

解答

❶ (1)

50 円切手のまい数(まい)	0	1	2	3	4	5	6
100 円切手のまい数(まい)	6	5	4	3	2	1	0
代金(円)	600	550	500	450	400	350	300

(2) 50 円切手　4 まい，100 円切手　2 まい

❷ (1) 5 人　(2) 2 人

❸

まとの点数(点)	0	5	10	15	20	
当たった回数(回)	1	0	5	2	2	全部で 10 回
とく点(点)	0	0	50	30	40	全部で 120 点

解説

❶ (1) 50 円切手 2 まいと 100 円切手 4 まいを買うときの代金は，50×2=100，100×4=400，
100+400=500(円)
ほかの買いかたでも同じように計算する。

❷ (1)表に出ている人数の合計は
1+4+6+3+7+6=27(人)
これをクラスの人数 32 人からひくと 4 点と 9 点の人をあわせた人数になる。
32−27=5(人)
(2) 9 点の人は，
19−3−7−6=3(人)
(1)から 4 点と 9 点の人はあわせて 5 人だから，4 点の人は 5−3=2(人)

❸ 10 点に 5 回当たっているので 50 点がまずわかり，つぎに 120−50−30=40(点) が 20 点に当たったとく点であることがわかる。0 点には何回当たってもとく点は 0 点である。

上級レベル 90 表を使った問題

解答

1 (1)

		兄 いる	兄 いない	合計
姉	いる	4	8	12
	いない	11	11	22
合計		15	19	34

(2) 34 人　(3) 8 人　(4) 19 人

2 (1) 24　(2) 35

3 (1) 400 円
(2) 30 円切手　3 まい，50 円切手　7 まい

解説

1

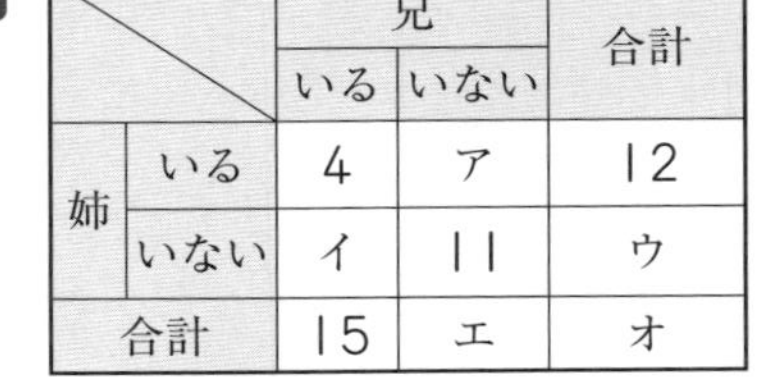

		兄 いる	兄 いない	合計
姉	いる	4	ア	12
	いない	イ	11	ウ
合計		15	エ	オ

(1)ア＝12−4=8　イ＝15−4=11
ウ＝イ＋11=11+11=22
エ＝ア＋11=8+11=19
オ＝15+エ＝15+19=34
(12+ウ=12+22=34)
(2)はオの人数，(3)はアの人数，(4)はエの人数である。

2 (2) 4 行目の 1 列目，3 列目，5 列目，…は，4×(列の数)になっているので，4 行目の 9 列目は
4×9=36
3 行目の 9 列目は 36 より 1 小さい 35 である。

3 (2)次のような表を書いて考えよう。

30 円切手	0	1	2	3	4	5	6	7	8	9	10
50 円切手	10	9	8	7	6	5	4	3	2	1	0
代金	500	480	460	440	420	400	380	360	340	320	300

標準レベル 91 文章題とっくん (1)

解答

❶ (1) 403 人　(2) 242 ページ
❷ (1) 107 円　(2) 186 羽
❸ (1) 241 まい　(2) 286 円
(3) 136 ページ　(4) 3142 m
(5) 108 cm

解説

❶ 合計をもとめるので，たし算をして答えを出す。
(1) 196+207=403(人)
(2) 84+158=242(ページ)

❷ のこりをもとめるので，ひき算をして答えを出す。
(1) 500−128−265=107(円)
(2) 648−462=186(羽)

❸ (1)はじめに持っていたまい数は，弟にあげたまい数と今持っているまい数をたしてもとめる。
87+154=241(まい)
(2) 118+168=286(円)
(3)読んだページ数は，本のページ数から，のこっているページ数をひいてもとめる。
432−296=136(ページ)
(4)ちがいをもとめるので，ふじ山の高さから東京スカイツリーの高さをひいてもとめる。
3776−634=3142(m)
(5) 126−18=108(cm)

上級レベル 92 文章題とっくん (1)

解答

1 (1) 55 まい (2) 458 ページ
2 (1) 57 円 (2) 105 人
3 (1) 36 円 (2) 6 人 (3) 44 こ
(4) 1152 mL

解説

1 (1) 37+18=55(まい)
(2) 265+193=458(ページ)

2 (1) 100−15−28=57(円)
(2) 578+317=895, 1000−895=105(人)
1 つの式で表すと, 1000−578−317=105(人)
(　)を使うと, 1000−(578+317)=105(人)

3 (1) 416+600−980=36(円)
(2) 公園で遊んでいたのは 26+18=44(人) なので,
あとから遊びにきたのは 50−44=6(人)
1 つの式で表すと, 50−26−18=6(人)
(　)を使うと, 50−(26+18)=50−44=6(人)
(3) 32+40 −28=44(こ)
妹に 40 こあげる前の数にする　姉から 28 こもらう前の数にする
ひろみさんが, はじめに□このおはじきを持っていたとして, 式を書くと,
□+28−40=32
32+40=72 なので, □+28=72
72−28=44 なので, □=44
(4) 2 はい目でポットに入れた水は,
216−84=132(mL)
1500−216−132=1152(mL)

標準レベル 93 文章題とっくん (2)

解答

1 (1) 378 人 (2) 60 台
2 (1) 8 つ (2) 9 まい
3 (1) 864 こ
(2) 14 まい
(3) 18130 円
(4) 144 本
(5) 9 人

解説

1 (1) 54×7=378(人)
(2) 2 倍や 5 倍をもとめるときは, かけ算をする。
6×2=12(台), 12×5=60(台)
1 つの式で表すと, 6×2×5=60(台)

2 (1) 32÷4=8(つ)
(2) 弟が持っているまい数を 6 倍すると 54 まいになるので, 弟のまい数はわり算でもとめる。
54÷6=9(まい)

3 (1) 24×36=864(こ)
(2) 84÷6=14(まい)
(3) 185×98=18130(円)
(4) 5×18=90(本), 3×18=54(本)
90+54=144(本)
または, 5+3=8(本), 8×18=144(本)
(5) 3+4=7(まい), 63÷7=9(人)

上級レベル 94 文章題とっくん (2)

解答

1 (1) 144 cm (2) 1770 円
2 (1) 5 倍
(2) 26 ふくろできて, 2 こあまる。
3 (1) 450 m
(2) 12 ページ
(3) 2160 円
(4) 3384 円
(5) 9 まい

解説

1 (1) 正方形のまわりの長さは, 1 辺の長さの 4 倍。
36×4=144(cm)
(2) 345−50=295(円), 295×6=1770(円)

2 (1) 40÷8=5(倍)
(2) 80÷3=26 あまり 2

3 (1) 25×18=450(m)
(2) 1 週間は 7 日なので,
84÷7=12(ページ)
(3) 120×2=240, 240×9=2160(円)
キャンディ 3 こで 1 セットであるが,「3 こ」は答えをもとめる式には使わないことに注意しよう。
1 つの式で表すと, 120×2×9=2160(円)
(4) えん筆の代金の合計, 画用紙の代金の合計をそれぞれもとめると,
78×36=2808(円), 16×36=576(円)
2808+576=3384(円)
また, 1 人分のえん筆と画用紙の代金の合計を先にもとめると, 78+16=94(円), 94×36=3384(円)
(5) 12×3=36, 36÷4=9(まい)
1 つの式で表すと, 12×3÷4=9(まい)

95 文章題とっくん (3)

解答

❶ (1) 1940 円　(2) 270 dL
❷ (1) 165 円　(2) 60 円
❸ (1) 230 ページ
(2) 1000 回
(3) 5 kg 300 g
(4) 20 dL
(5) 61

解説

❶ (1) 120×8=960(円)，960+980=1940(円)
1 つの式で表すと，120×8+980=1940(円)
(2) 35×7=245(dL)，245+25=270(dL)
1 つの式で表すと，35×7+25=270(dL)

❷ (1) 95×3=285(円)，450−285=165(円)
(2) 240×6=1440(円)，1500−1440=60(円)

❸ (1) 28×7=196(ページ)
196+34=230(ページ)
1 つの式で表すと，28×7+34=230(ページ)
(2) 70×12=840(回)，840+160=1000(回)
1 つの式で表すと，
70×12+160=1000(回)
(3) 800×6=4800(g)，4800+500=5300(g)
5300 g=5 kg 300 g
(4) 65×12=780(dL)
80 L=800 dL なので，800−780=20(dL)
(5)わられる数＝わる数×わり算の答え＋あまり　のかん係を思い出そう。
ある数は，8×7+5=61

上級レベル 96 文章題とっくん (3)

解答

1 (1) 5331 円　(2) 19 L 6 dL
2 (1) 240 円　(2) 24
3 (1) 958 円　(2) 456 問　(3) 18 こ
(4) 45 まい　(5) 84 g

解説

1 (1) 125×15=1875(円)，288×12=3456(円)
1875+3456=5331(円)
(2) 500×28=14000 (mL)，350×16=5600 (mL)
14000+5600=19600(mL)
19600 mL=19 L 600 mL=19 L 6 dL

2 (1)ケーキ 3 このねだんは，1580−860=720(円)
ケーキ 1 このねだんは，720÷3=240(円)
(2) 2 あまるので，170−2=168 より，168 をある数でわると答えが 7 になる。
ある数は，168÷7=24

3 (1)ノート 8 さつで，98×8=784(円)
消しゴム 3 こで，58×3=174(円)
784+174=958(円)
(2) 8×15=120(問)，12×28=336(問)
120+336=456(問)
(3)つめたボールの数は，8×30=240(こ)
258−240=18(こ)
(4)配ったおり紙のまい数は，28×12=336(まい)
381−336=45(まい)
(5)はじめにお茶の葉が 780 g あって，分けたあと 24 g あまったので，9 つのふくろに分けたお茶の葉は，
780−24=756(g)
1 ふくろに入れたお茶の葉は，
756÷9=84(g)

97 最上級レベル 13

解答

1 (1) 14 まい　(2) 35 こ
2 (1) 3185 円　(2) 985 円　(3) 3600 円
3 (1) 33 人　(2) 15 人
(3) 66 人　(4) 128 人

解説

1 (1)弟の持っているまい数を 6 倍すると 84 まいになる。84÷6=14(まい)
(2)みかんは，3×5=15(こ)
りんごは，4×5=20(こ)
あわせて，15+20=35(こ)
または，みかんとりんごの数を区べつしないで数えるので先にたし算をして，3+4=7(こ)
7 この 5 人分なので，7×5=35(こ)

2 (1)くつ下 1 足のねだんは，525−70=455(円)
このくつ下を 7 足買うので，455×7=3185(円)
(2)ケーキの代金は 365×11=4015(円)
5000−4015=985(円)
(3)パンとジュースの代金をあわせると，
130+70=200(円)
この 18 人分なので，200×18=3600(円)

3 (1) 2 組のらんの数字をたてに見て，男子 15 人，女子 18 人なので，15+18=33(人)
(2) 1 組から 4 組までの女子のらんを横に見て，合計が 62 人なので，62−15−18−14=15(人)
(3)まず 3 組の男子の人数をもとめる。女子 14 人，合計 32 人なので，32−14=18(人)
男子の合計は 1 組から 4 組までの男子のらんの数をあわせて，16+15+18+17=66(人)
(4) 66+62=128(人)

98 最上級レベル 14

解答

1 (1) 4 さつ (2) 24 さつ (3) 32 さつ
2 (1) 71 まい (2) 112 こ (3) 76
3 (1) 31 (2) 41 (3) 8 行目の 7 列目

解説

1 (1) 5 目もりで 20 さつを表している。
20÷5=4 より，1 目もりは 4 さつを表す。
(2) 20 さつの線より 1 目もり分多いので，
20+4=24（さつ）
(3)いちばん多かった物語と，いちばん少なかった図かんの目もりのちがいを数える。8 目もり分だけちがうので，
4×8=32（さつ）

2 (1) 53+18=71（まい）
(2) 2 セットの消しゴムの数は，4×2=8（こ）
これを 14 人に配るので，全部の消しゴムの数は，
8×14=112（こ）
(3) 8×9+4=76

3 (1) 5 行目の数のならびかたを考える。
5 行目は 1 列目が 29 で，そこから右に 29，30，31，32，…のように1 ずつ数が大きくなるようにならんでいる。3 列目は 31
(2) 6 行目は 1 列目が 42 で，そこから右に 41，40，39，…のように1 ずつ数が小さくなるようにならんでいる。2 列目は 41
(3)表の 1 列目か 7 列目で，50 に近い数の場所を考える。1 列目で 8 行目は 56 で，そこから右に 55，54，…のように 1 ずつ小さくなって，7 列目の数が 50 になる。また，7 列目の数を考えると 7 行目が 49 で，その下の 8 行目が 50 になる。
考えが進まないときは，表の 28 からつづけて数をじゅんに書きならべていくと，ならびかたの決まりがつかめる。

標準レベル 99 文章題とっくん (4)（植木算）

解答

1 (1) 120 cm (2) 285 m
2 (1) 2 つ (2) 116 cm
3 60 m
4 (1) 17 m (2) 4 m 50 cm
(3) 379 cm (4) 2 cm
(5) 150 m

解説

1 (1)ひまわりを 5 本植えると，ひまわりとひまわりとの間は 4 か所になるから，30×4=120（cm）
(2) 20 本の電柱の間は 19 か所で，1 つの間の長さが 15 m なので，15×19=285（m）

2 (1)テープ 3 本をつなぐと，つなぎ目は 2 つできる。
(2)つなぎ目 1 つの長さは 2 cm で，2 つあるのでつなぎ目の長さは 4 cm である。つないだテープ全体の長さは，テープ 3 本の長さよりつなぎ目の長さだけ短くなるから，40×3=120，120−4=116（cm）

3 円や池のまわりなど，1 しゅうする道にそってはたを立てると，はたの数と間の数は同じになる。はたが 10 本，間も 10 か所なので，6×10=60（m）

4 (1)子どもが 18 人で間は 17 か所なので，17 m
(2) 1 本のテープを 2 本にするとき，はさみを 1 回使う。テープの本数ははさみを使った回数より 1 だけ多くなるから，30×15=450（cm）より，4 m 50 cm
(3)つなぎ目は 7 か所で，3×7=21（cm）
50×8=400，400−21=379（cm）
(4)テープ全部の長さは，25×6=150（cm）
つないだあとの長さが 140 cm なので，つなぎ目に 10 cm 使っている。テープは 6 本なので，つなぎ目は 5 つある。つなぎ目 1 つの長さは，10÷5=2（cm）
(5)ヤナギの木の数と木と木の間の数は同じであるから，
5×30=150（m）

上級レベル 100 文章題とっくん (4)（植木算）

解答

1 (1) 35 こ（か所） (2) 36 本
2 (1) 8 つ (2) 8 cm (3) 72 cm (4) 8 cm
3 (1) 16 m (2) 2 m 61 cm
(3) 20 cm (4) 17 本 (5) 96 m

解説

1 (1) 4 m おきにはたを立てるので，140÷4=35
(2)はたの本数は間の数より 1 多いので，36 本

2 (1)テープ 9 本をつなぐと，つなぎ目は 8 つできる。
(2)つなぎ目 1 つの長さは 1 cm で，8 つあるのでつなぎ目の長さは全部で 8 cm
(3)つないだテープの長さが 64 cm で，これはテープ 9 本分の長さよりもつなぎ目の分だけ短くなっているので，このテープ 9 本分の長さは，64+8=72（cm）
(4) 72÷9=8（cm）

3 (1) 8 本の木を両はしにも植えると，木と木の間は 7 か所になるから，112÷7=16（m）
(2)ミニカーを 12 台ならべると，間は 11 か所になる。
1 台目の前から 12 台目の後ろまでの長さは「ミニカー 12 台の長さ」と「11 か所の間の長さ」の合計になる。
ミニカー 12 台の長さは，8×12=96（cm）
11 か所の間の長さは，15×11=165（cm）
96+165=261（cm）より，2 m 61 cm
(3)つなぎ目は 4 か所で，その長さは，3×4=12（cm）
テープ全部の長さは，88+12=100（cm）
これが 5 本分の長さなので，100÷5=20（cm）
(4)つなぎ目を 2 cm にして長さ 11 cm のリボンを 1 本つなぐと，全体の長さはつなぐ前より 9 cm 長くなる。

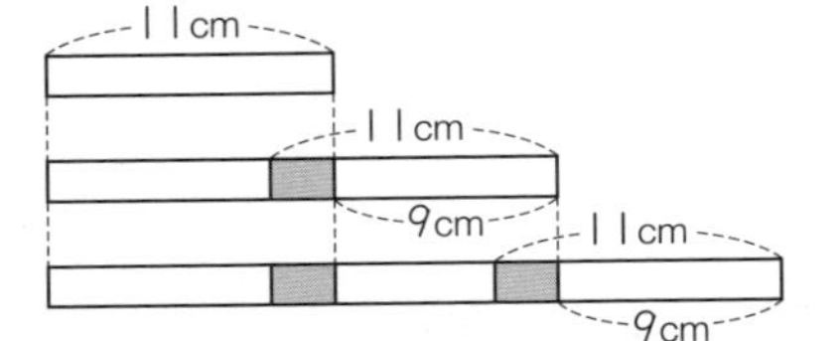

はじめの 1 本の長さは 11 cm で，そのあと 1 本つなぐと，9 cm ずつ長くなる。
2 本のとき，11+9=20(cm)
3 本のとき，11+9+9=29(cm)
そこで，全体の長さが 1 m 55 cm のときに何本のリボンをつないでいるかを考える。1 m 55 cm からはじめの 1 本の長さをひくと，2 本目からあとでつないだリボンの長さになる。
155−11=144(cm)
1 本つなぐたびに 9 cm ずつ長くなるので，144 cm 長くなるのにつないだリボンの本数は，
144÷9=16(本)
はじめの 1 本にあとから 16 本つないだので，リボンは全部で 17 本つないでいる。
(5)長方形のたてには 6 本の木があり，間は 5 か所である。
たての長さは，4×5=20(m)
横(よこ)には間が 7 か所あるので，横の長さは，
4×7=28(m)
まわりの長さはそれぞれ 2 つ分なので，
20+20+28+28=96(m)

標準レベル 101 文章題とっくん (5) (和差算)

解答

❶ (1) 10 まい (2) 30 まい (3) 20 まい
❷ (1) 100 円 (2) 270 円
❸ (1) 45 と 15
(2)大人 214 人，子ども 51 人
(3)長いほう 115 cm，短いほう 85 cm
(4)昼 13 時間，夜 11 時間

解説

2 つの数の和(わ)(たし算の答え)と差(さ)(ひき算の答え)がわかっているとき，それぞれの数をもとめる計算を和差算という。

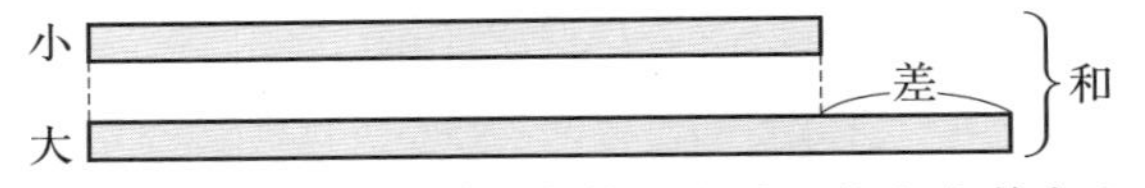

和と差をたすと大きい数の 2 倍になり，和から差をひくと，小さい数の 2 倍になる。
(大きい数)=(和＋差)÷2　(小さい数)=(和－差)÷2
❶ (1)兄のほうが弟より 10 まい多く持(も)っているので，10 まいふやすと同じまい数になる。
(2) (50+10)÷2=30(まい)
(3) (50−10)÷2=20(まい)
または 30−10=20(まい)
❷ (2) (640−100)÷2=270(円)
❸ (1)和は 60，差は 30 なので，大は，
(60+30)÷2=45
(2)和は 265，差は 163
大人の人数は，(265+163)÷2=214(人)
(3) 2 m=200 cm
和は 200，差は 30 である。
長いほうは，(200+30)÷2=115(cm)
(4)昼と夜の長さの合計は 24 時間なので，和は 24，差は 2 である。昼の長さは，(24+2)÷2=13(時間)

上級レベル 102 文章題とっくん (5) (和差算)

解答

1 (1) 20 まい (2) 30 まい
2 (1) 240 円 (2) 50 円
3 (1) 49 と 21 (2) 50 人
(3) 1 時間 35 分
(4) 360 円 (5) 120 円

解説

1 (1)兄のほうが弟より 20 まい多く持っているので，20 まいへらすと同じまい数になる。
(2) (80−20)÷2=30(まい)
2 (1)えん筆(ぴつ) 1 本は消(け)しゴム 1 こより 30 円高いので，えん筆 3 本のねだんは，えん筆 2 本と消しゴム 1 このねだんより 30 円高くなる。210+30=240(円)
(2)えん筆 1 本のねだんは，240÷3=80(円)
消しゴム 1 このねだんは，80−30=50(円)
3 (1)大は，(70+28)÷2=49
小は，(70−28)÷2=21 または 70−49=21
(2) (108−8)÷2=50(人)
(3)分になおして考えよう。3 時間 30 分 =210 分 なので，和は 210，差は 20 である。今日の勉強(べんきょう)時間は，
(210−20)÷2=95(分)→ 1 時間 35 分
(4) 820+260=1080(円) は，ケーキ 3 こ分のねだんになる。ケーキ 1 このねだんは，
1080÷3=360(円)

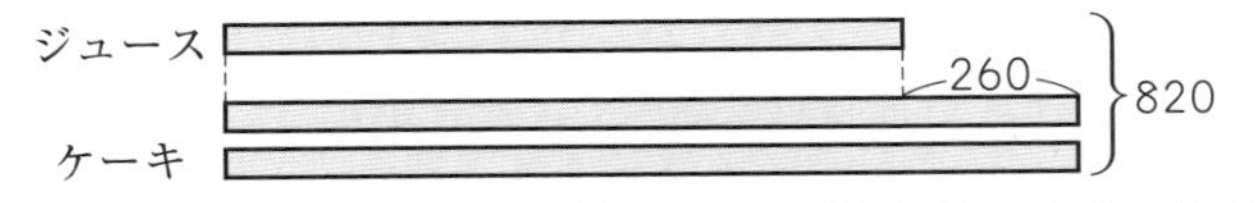

(5)ドーナツ 5 こ分のねだんは，520+40+40=600(円)，ドーナツ 1 このねだんは，600÷5=120(円)

標準レベル 103 文章題とっくん (6)（分配算）

☑解答

❶ (1) 45 こ　(2) 60 こ
❷ (1) 60 こ　(2) 106 こ
❸ (1) 104 台　(2) 124 回
(3) 76 こ　(4) 56 さつ
(5) 850 mL

解説

❶ (2)兄はおさむさんの 3 倍持っているので，2 人の持っているビー玉の合計は，おさむさんの持っているビー玉の 4 倍になる。

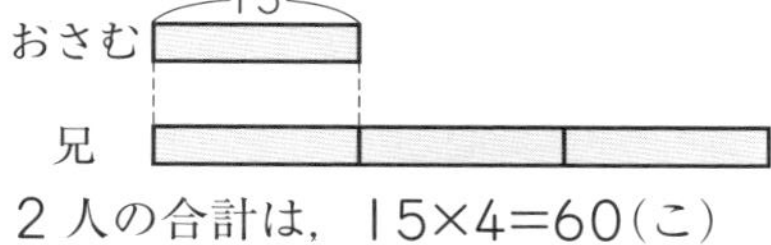

2 人の合計は，15×4=60(こ)

❷ 2 人の持っているおはじきの合計は，なおこさんの持っているおはじきの 2 倍より 14 こ多くなる。
(1) 46+14=60(こ)
(2) 46+60=106(こ)

❸ (1) 2 人の合計は，ひろとさんの 4 倍である。
26×4=104(台)
(2) 2 人の合計は，かなこさんの 2 倍より 12 回少ない回数なので，68×2−12=124(回)
(3) 2 人の合計は，ちほさんの 2 倍より 8 こ多くなるので，34×2+8=76(こ)
(4) 2 人の合計は，まさきさんの 2 倍より 6 さつ多くなるので，25×2+6=56(さつ)
(5) 2 人の合計は，あきらさんの 2 倍より 150 mL 多くなるので，350×2+150=850(mL)

上級レベル 104 文章題とっくん (6)（分配算）

☑解答

❶ (1) 28 まい　(2) 84 まい
❷ (1) 50 円　(2) 250 円
❸ (1) 160 まい　(2) 104 台
(3) 440 円　(4) 100 こ
(5) 27 dL

解説

❶ 2 人の持っているコインのまい数の合計は，弟の持っているまい数の 4 倍である。
(1) 112÷4=28(まい)
(2) 28×3=84(まい)
または 112−28=84(まい)

❷ (2) 2 人の合計は，妹のもらう分の 3 倍より 50 円少ない。

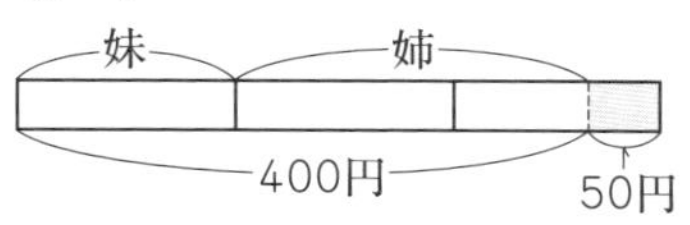

妹がもらうお金は，(400+50)÷3=150(円)
姉がもらうお金は，400−150=250(円)

❸ (1) 2 人の合計は，ゆかさんの 3 倍である。
ゆかさんの持っているおり紙は，240÷3=80(まい)
姉の持っているおり紙は，80×2=160(まい)
または 240−80=160(まい)
(2) 2 人の合計は，れんさんの 5 倍である。
れんさんの持っているミニカーは 130÷5=26(台)
兄の持っているミニカーは 130−26=104(台)
または 26×4=104(台)
(3)兄のもらうお金は弟の 4 倍より 200 円少なくなる。
2000+200=2200(円)，2200÷5=440(円)

弟　兄　2000円　200円

(4)ひろみさんがもらうキャンディーのうち 10 こをのぞくと，ひろみさんはようたさんの 3 倍もらうことになる。したがって，ようたさんがもらうキャンディーは，
130−10=120，120÷4=30(こ)

ようた　ひろみ　10こ　130こ

(5)買ってきたジュースは，としきさんが飲んだジュースの 4 倍である。

標準レベル 105 文章題とっくん (7)（年れい算）

☑解答

❶ (1) 2 倍　(2) 40 円　(3) 120 円
❷ (1) 15 才　(2) 6 年後
❸ (1) 80 円　(2) 200 円　(3) 1600 円
(4) 2 年後

解説

❶ 同じねだんのえん筆を買ったので，買う前も，買った後もさだおさんと弟の持っている金がくの差 240−160=80(円) は同じである。さだおさんののこりのお金が弟ののこりのお金の 3 倍になったので，80 円は弟ののこりのお金の 2 倍にあたる。
このことから，弟ののこりのお金は，
80÷2=40(円)
えん筆のねだんは 160−40=120(円) とわかる。

さだお　えん筆
弟　えん筆　差

❷ (1)母と子の年れいの差，39−9=30(才) は何年たっても同じである。母の年れいが子の年れいの 3 倍になるとき，年れいの差は子の年れいの 2 倍にあたる。このことから，子の年れいは，30÷2=15(才)

❸ (1) 440−200=240(円) は，妹ののこりのお金の2倍である。よって，妹ののこりのお金は，
240÷2=120(円)
アイスクリームのねだんは，200−120=80(円)
(2) 800−350=450(円) は，たかこさんののこりのお金の3倍である。
(3) 2400−1200=1200(円) は，弟ののこりのお金の3倍である。弟ののこりのお金は，
1200÷3=400(円) で，兄と弟は
1200−400=800(円) ずつ出しあっているので，ボールのねだんは 800×2=1600(円)
(4)父の年れいが子の年れいの4倍になったとき，年れいの差 34−7=27(才) は子の年れいの3倍になる。

上級レベル 106 文章題とっくん (7) (年れい算)

☑解答

❶ (1) 2倍 (2) 1200円
❷ (1) 12才 (2) 3年前
❸ (1) 500円 (2) 300円 (3) 2年前
(4) 5年前

解説

❶ 同じがくのお金をもらったので，もらう前も，もらった後もまさこさんと妹の持っているお金の差 1100−300=800(円) は同じである。まさこさんの持っているお金は妹の持っているお金の3倍になったので，800円は妹の持っているお金の2倍にあたる。
このことから，今，妹の持っているお金は，
800÷2=400(円)
まさこさんの持っているお金は，
400×3=1200(円)

もらったお金
まさこ
妹
差

❷ 父と子の年の差 39−15=24(才) は何年前でも同じである。父の年れいが子の年れいの3倍だったとき，年れいの差24才は，子の年れいの2倍である。
(1)(39−15)÷2=12(才)
(2) 15−12=3(年前)

❸ (1) 2500−250=2250(円) は，今，弟が持っているお金の3倍である。弟が持っているお金は
2250÷3=750(円) なので，お父さんからもらったお金は，750−250=500(円)
(3)母と子の年の差 42−10=32(才) は何年前でも同じである。母の年れいが子の年れいの5倍だったとき，年れいの差32才は，子の年れいの4倍である。
(42−10)÷4=8(才)，10−8=2(年前)
(4)来年，きみこさんは12才になり，おじさんはその3倍なので，12×3=36(才) になる。2人の年の差はいつもかわらず，36−12=24(才) であり，おじさんの年れいがきみこさんの年れいの5倍だったとき，この差がきみこさんの年れいの4倍にあたる。
24÷4=6(才)，11−6=5(年前)

標準レベル 107 文章題とっくん (8) (消去算)

☑解答

❶ (1) 1こ分 (2) 1200円 (3) 80円
❷ (1) 5こ分 (2) 90円 (3) 130円
❸ (1)びん 3dL，コップ 1dL
(2)ノート 120円，えん筆 80円
(3)りんご 70円，かご代 100円
(4)大人 200円，子ども 80円

解説

❶

図からケーキ1こ分が代金のちがいになっていることがわかる。
1360−1120=240(円)

❷ チョコレートを㋠，ガムを㋕と表すと，
㋠㋠ ㋕㋕ 440円
㋠㋠ ㋕㋕㋕㋕㋕㋕㋕ 890円
ガムを5こ多く買うと，ねだんが 890−440=450(円) 高くなるので，ガム1このねだんは，450÷5=90(円)

❸ (2) 360−200=160(円) は，えん筆2本分のねだんである。
(3) 660−450=210(円) は，りんご3こ分のねだんである。
(4) 800−640=160(円) は，子ども2人分の入園りょうである。

上級レベル 108 文章題とっくん (8)(消去算)

解答

1 (1) 560円　(2) 80円　(3) 120円

2 (1) 2160円
(2) りんご 280円, みかん 120円

3 (1) アイスクリーム 80円, あめ 50円
(2) キーホルダー 480円, 絵はがき 30円
(3) 300円

解説

1

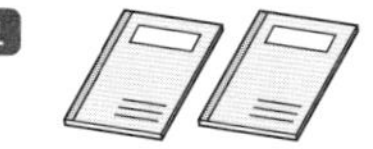
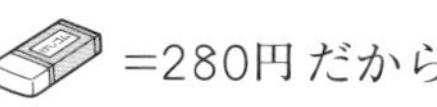
=280円だから,

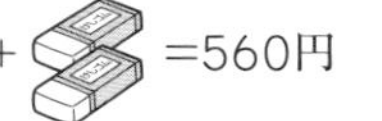
=560円

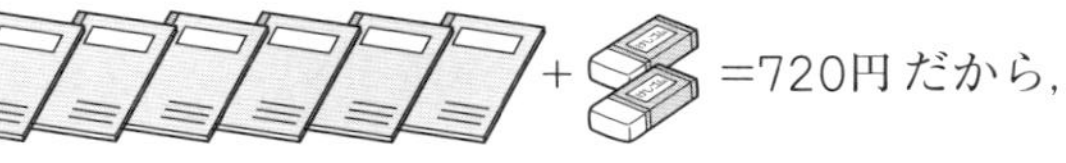
=720円だから,

720−560=160(円) がノート2さつ分のねだんであることがわかる。

2 (1) 1080×2=2160(円)
(2) りんご6ことみかん4こで2160円,
りんご2ことみかん4こで1040円なので,
りんご4こ分が 2160−1040=1120(円)
りんご1このねだんは, 1120÷4=280(円)

3 (1) アイスクリーム4こ, あめ2こを買うと, 420円になる。アイスクリーム1このねだんは,
420−340=80(円)
(3) ジュース4本とケーキ1このねだんが同じなので, 1200円でケーキは4こ買うことができる。ケーキ1このねだんは, 1200÷4=300(円)

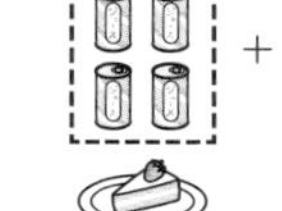
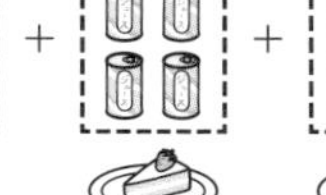

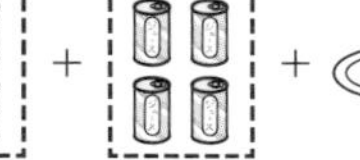

=1200円

標準レベル 109 文章題とっくん (9)(周期算)

解答

1 (1) ①(左から) 2, 3　② 7　(2) ■
(3) 24こ　(4) 28こ

2 (1) 2　(2) 1　(3) 20こ　(4) 58

3 (1) 日曜日　(2) 火曜日

解説

1 (1) ①「●●■■■」の5このくり返してある。
② 5×7=35, 35+2=37 なので, 37番目までには「●●■■■」が7回くり返されて, そのあとの2こが「●●」である。
(2) 5×8=40 より, 40番目までには「●●■■■」がちょうど8回くり返されるので, 40番目は■である。
(3) 1つの「●●■■■」の中に■は3こある。これが8回くり返されるから, ■は全部で 3×8=24 (こ)
(4) 5×9=45, 45+3=48 なので, 48番目までには「●●■■■」が9回くり返されて, そのあとの3こが「●●■」である。そのあとの3この中に■が1こあることに注意して, 3×9+1=28(こ)

2 (1) 6×6=36 なので, 36番目まではちょうど6回くり返されて, 36番目はさいごの「2」になる。
(4) 39番目までには6回くり返されてそのあと「1, 2, 1」と3この数字がつづく。6この数字をたすと, 1+2+1+1+2+2=9 なので, 39番目までの数の合計は, 9×6+1+2+1=58

3 1週間は7日なので, 7日後には日曜日にもどる。
(1) 21日後は 21÷7=3 なので, ちょうど3週間後の日曜日になる。
(2) 30日後は 30÷7=4 あまり2 より, 4週間と2日後である。4回日曜日にもどって, その2日後なので, 火曜日になる。

上級レベル 110 文章題とっくん (9)(周期算)

解答

1 (1) ○が4こ, ●が3こ　(2) ○　(3) 16こ
(4) ○　(5) 31こ　(6) 35番目

2 (1) 2　(2) 28こ　(3) 64　(4) 38番目

3 (1) 25日後　(2) 木曜日

解説

1 「○○●●○●○」のくり返してある。7こずつに分けて, たてにならべるとわかりやすくなる。

○○●●○●○ ← 7番目
○○●●○●○ ← 14番目
○○●●○●○ ← 21番目
○○●●○●○ ← 28番目
○○●●○●○ ← 35番目
○○●●○●○ ← 42番目
○○●●○●○ ← 49番目
○○●●○●○ ← 56番目
⋮ ↑
54番目

2 (1) 5×9=45, 45+2=47 より, 47番目までには「1, 2, 1, 3, 1」が9回ならんでそのあとが「1, 2」である。
(2)「1, 2, 1, 3, 1」が9回ならんだ中に1が3×9=27(こ) あり, 「1, 2」の中に1こあるので, 28こである。
(3) 5×8=40 より, 40番目までに「1, 2, 1, 3, 1」がちょうど8回ならぶ。1+2+1+3+1=8 だから, 8×8=64 になる。
(4)「1, 2, 1, 3, 1」が7回で数字の合計は 8×7=56 になり, あと, 「1, 2, 1」の3こをたすと60になるので, 5×7=35, 35+3=38(番目) までたす。

3 (1) 30−5=25 なので, 25日後。
(2) 25÷7=3 あまり4 より, 3週間と4日後。日曜日の4日後なので, 木曜日である。

解答

111 最上級レベル 15

☑解答

1 (1) 30 m (2) 192 羽 (3) 1 年後 (4) 200 円

2 (1) 6 m (2) 27 本 (3) 340 円
(4) アイスクリーム 240 円，あめ 20 円
(5) 木曜日

解説

1 (1)先生と子どもとあわせて 11 人いるので，間の数は 10 か所。
3 m ずつ間をあけて行進しているので，先生といちばん後ろの子どもは，3×10=30(m) はなれている。
(2)りさかん，姉，母の合計は，りさんのおった数の 1+2+5=8(倍)
3 人のおった合計は，24×8=192(羽)
(3) 2 人の年れいの差 35−8=27(才) は何年後もかわらない。
父の年れいが子の年れいの 4 倍のとき，年れいの差は子の年れいの 3 倍になる。

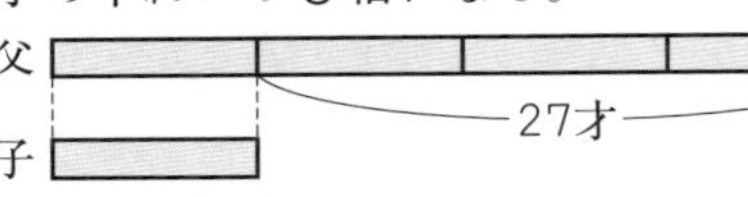

そのときの子の年れいは 27÷3=9(才) だから，今から 1 年後である。
(4)もも 1 こ＋なし 2 こで 360 円，
もも 1 こ＋なし 1 こで 280 円なので，
なし 1 このねだんは，360−280=80(円)
もも 1 このねだんは，280−80=200(円)

2 (1) 1 しゅうする線の上に子どもがならぶときは，子どもの数と間の数は同じになる。8 人の子どもがならぶと，間は 8 か所なので，48÷8=6(m)
(2)長さ 10 cm のリボンをつなぎ目を 2 cm にしてつないでいくとき，いちばんはじめの 1 本は 10 cm で，2 本目からは 8 cm ずつ長くなっていく。全体の長さが 2 m 18 cm=218 cm なので，はじめの 1 本をのぞいた長さは，218−10=208(cm)，208÷8=26 より，つないだリボンは，1+26=27(本)
(3)ケーキ 3 こ分のねだんは，760+260=1020(円)
ケーキ 1 このねだんは，1020÷3=340(円)
(4)アイスクリーム 2 こ＋あめ 1 こで，500 円なので，アイスクリーム 4 こ＋あめ 2 こで，1000 円になる。
アイスクリーム 1 このねだんは，
1000−760=240(円)
(5) 30÷7=4 あまり 2
30 日後は 4 週間と 2 日後なので，火曜日の 2 日後だから木曜日である。

112 最上級レベル 16

☑解答

1 (1) 45 と 25 (2) 84 まい (3) 350 円
(4) 20 m 30 cm

2 (1) 28 cm (2) 700 円 (3) 2 年前
(4) 1080 g (5) 109

解説

1 (1) 70−20=50，小は 50÷2=25
(2) 2 人が持っているおり紙の合計は，あきなさんが持っているおり紙の 3 倍である。

あきな
姉

合計は 126 まいなので，あきなさんのおり紙は，
126÷3=42(まい)
(3)同じがくのお金をもらったので，お金をもらう前と後で 2 人の持っているお金の差 1300−200=1100 (円) はかわらない。お金の差(1100 円)はお金をもらった後に弟の持っているお金の 2 倍なので，弟の持っているお金は，1100÷2=550(円)
もらったお金は，550−200=350(円)
(4)ミニカーを 18 台ならべると，間の数は 18−1=17
ミニカー 18 台の長さは，7×18=126(cm)
間の長さは，112×17=1904(cm)
1 台目のミニカーの前から 18 台目のミニカーの後ろまでの長さは，
126+1904=2030(cm)→20 m 30 cm

2 (1) 9 つのつなぎ目でテープが重なっている長さは，
4×9=36(cm)
10 本のテープをつなぎ目を考えずにたしたときの長さは，2 m 44 cm+36 cm=280 cm
これがテープ 10 本分の長さなので，1 本の長さは 28 cm
(2)

弟
兄
3000円
500円

弟のもらうお金は，
3000+500=3500，3500÷5=700(円)
(3)年れい差が 5 才で，兄がゆうきさんの 2 倍の年れいのとき，兄の年れいは，5×2=10(才)

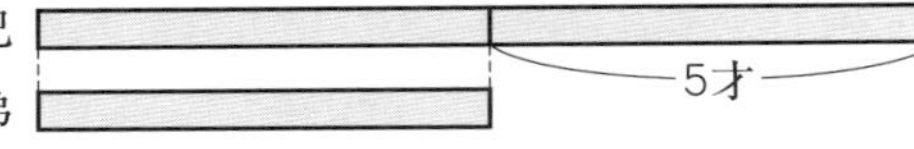

今は兄は 12 才なので，2 年前である。
(4) 2280 g と 1980 g の差は，ケーキ 2 こ分の重さだから，
ケーキ 1 この重さは，(2280−1980)÷2=150(g)
ケーキ 8 この重さは，150×8=1200(g)
お皿の重さは，2280−1200=1080(g)
(5) 25÷6=4 あまり 1
「1+4+2+8+5+7」の 6 つの数が 4 回くり返したあと，1 番目の「1」までの数の合計になる。
1+4+2+8+5+7=27，27×4+1=109

113 仕上げテスト ❶

☑解答

★1 (1) 9 (2) 8 あまり 4 (3) 7 (4) 7 あまり 1
(5) 240 (6) 2800 (7) 200 (8) 60

★2 (1) 8 (2) 59 (3) 4

★3 1 人 9 こずつになって，2 こあまる。

★4 47 cm

★5 (1)白石 (2) 25 こ

解説

★2 (1) 78−30=48，48÷6=8(cm)
□を使った式で表して考えると，本のあつさを□ cm として □×6+30=78 という式が書ける。
□×6=48，□=8
(2) 7×8+3=59(まい)
(3)クラスのじどうの人数は，6×5+2=32(人)
これを 8 つのグループに分けるので，32÷8=4(人)

★3 9 人に 15 こずつ分けると，15×9=135(こ)
のこりのおはじきは，200−135=65(こ) になる。
これを 7 人に同じ数ずつ分けるので，
65÷7=9 あまり 2 となる。

★4 テープ全体の長さは，1 本のテープの長さの 6 倍よりのりしろの部分だけ短くなる。6 本つなげると，のりしろの部分は 5 つできることに注意しよう。
5×5=25，12×6−25=47(cm)

★5 ●○○●●○○の 7 このならびがくり返されている。
(1) 58÷7=8 あまり 2 より，58 この石をならべるには 7 こずつのならびを 8 回くり返した後，●○とならべればよいことがわかる。58 番目の石は白石である。
(2) 7 こずつのくり返しの中に，黒石は 3 こ，白石は 4 こある。
これを 8 回くり返すと黒石は 3×8=24(こ) になる。
のこりの 2 この中に黒石が 1 こあるので，58 この中の黒石の数は 24+1=25(こ)

114 仕上げテスト ❷

☑解答

★1 (1)ア 8 イ 16 ウ 52 エ 15 オ 15
カ 12 キ 68 ク 164
(2) 45 cm
(3) 8 人

★2 (1) 18 cm (2) 96 こ

★3 (1) 36 cm (2) 22 こ

解説

★1 (1)空らんが 1 か所だけのところからもとめていく。
この表の場合，
エは 33−(8+10)=15，オは 51−(20+16)=15，
カは 28−(7+9)=12
エ，オ，カの数がわかれば，のこりの数もじゅんにもとめることができる。
(2) 2 組の 1 学期の人数は 8 人なので，24÷8=3 より，ぼうグラフを 1 人分の長さを 3 cm にしてかいたことがわかる。2 組の 3 学期の人数は，(1)でもとめたエの 15 人なので，ぼうグラフの長さは，
3×15=45(cm)
(3)表から，1 学期にけっせきした人数がいちばん多い組は，3 組の 15 人，いちばん少ない組は 4 組の 7 人なので，ちがいは 15−7=8(人)

★2 (1)箱のたての長さ 24 cm は，ボールの直径の 4 倍である。このことから，ボールの直径は，24÷4=6(cm)
横の長さは，ボールの直径の 3 倍だから，
6×3=18(cm)
(2)ちょうど 2 だんになるように入るのは，直径や半径が半分の大きさのボールである。この小さいボールを同じ箱に入れると，たてに 4×2=8(こ)，横に 3×2=6(こ) 入るので，箱の中のボールの数は，
8×6×2=96(こ)
ボールの数が，もとの 2×2×2=8(倍) になるので，
12×8=96(こ) としてもとめることもできる。

★3 円を 8 こならべてかいた図を見ると，左はしの円と右はしの円の中心の間の長さは，半径の 7 倍である。2 こ，3 この円をならべてかいたときを考えると，それぞれ，半径の 1 倍，2 倍である。円を□こならべてかいたときは，半径の (□−1) こ分の長さになることがわかる。
(1) 円を 10 こならべてかいたとき，左はしの円と右はしの円の中心の間の長さは，半径の 9 倍なので，
4×9=36(cm)
(2) 84÷4=21 より，円の半径の 21 こ分になるので，円を 22 こかいている。

115 仕上げテスト ③

解答

★1 (1) 10時間2分
(2) 1時間34分
(3) 592
(4) 4850
(5) 43

★2 (1) 20分
(2) 7時10分

★3 21 m

★4 (1) 3時間25分後
(2) 11時55分

★5 (1) 11時間10分
(2) 夜が1時間40分長い。

解説

★1 (1)，(2)時間の計算では1時間が60分であることに気をつける。
(1)をそのまま計算すると，9時間62分になる。62分は1時間2分だから，答えは10時間2分である。
(2)は5時間12分を4時間72分として，計算する。
(3)～(5)はたんいをそろえてから，計算する。
(3)の2 m 7 cm は207 cm，
(4)の5 km は5000 m，15000 cm は150 m，
(5)の8 L 2 dL は82 dL

★2 (1)お父さんをもとにして考えよう。まさこさんはお父さんより15分早く起き，お母さんはお父さんより35分早く起きたので，お母さんはまさこさんより，
35−15=20(分) 早く起きたことがわかる。
(2)まさこさんが起きたのは，お母さんが起きた時こくの20分後なので，
6時50分+20分=7時10分

★3 1歩進むと兄はかずおさんより，85−50=35(cm)多く進む。60歩進むと兄はかずおさんより
35×60=2100(cm)→21 m 多く進む。

★4 (1) 1時間目のじゅぎょうが始まってから，4時間目のじゅぎょうが終わるまでに，じゅぎょうが4回，休み時間が3回ある。じゅぎょうは，40×4=160(分)
休み時間は，15×3=45(分)
160+45=205(分)
205分=3時間25分 なので，4時間目のじゅぎょうが終わるのは，1時間目のじゅぎょうが始まって3時間25分後である。
(2) 8時30分+3時間25分=11時55分

★5 (1) 12時−6時20分=5時40分より，日の出から正午までに5時間40分あり，正午から日の入りまでに5時間30分あるので，昼の時間はあわせて11時間10分である。
午後5時30分を17時30分と考えると，
17時30分−6時20分=11時10分 と1回で計算ができる。
(2) 1日は24時間なので，この日の夜の時間は，
24時−11時10分=12時50分 より，
12時間50分とわかる。
12時間50分−11時間10分=1時間40分 より，この日は夜のほうが昼より1時間40分長い日である。

116 仕上げテスト ④

解答

★1 (1) 7670 (2) 11010
(3) 9893 (4) 6776

★2 (1)
```
   5 [8] 4
 +[4] 8  7
 ─────────
 [1] 0 7 [1]
```
(2)
```
  [5] 0 [1] 8
 − 3 [5] 5 [5]
 ─────────────
    1  4  6  3
```

★3 65916

★4 (1) 3500000
(2) 4300000

★5 3900人

★6 (1) 18000円 (2) 5450円

解説

★1 □にあてはまる数は，つぎのようにもとめる。
(1) □=10157−2487
(2) □=7285+3725
(3) □=10218−325
(4) □=10000−2715−509

★2 (1)
```
   5 [ア] 4
 +[イ] 8  7
 ──────────
 [ウ] 0 7 [エ]
```
エ→ア→イ→ウのじゅんにもとめる。エは1，1+ア+8=17 より，アは8となる。

(2)
```
  [ア] 0 [イ] 8
 − 3 [ウ] 5 [エ]
 ──────────────
    1  4  6  3
```
エは5，イはくり下がりの計算で 11−5=6 なので，1とわかる。百の位の0は十の位に1くり下げたので，9がのこっている。9−ウ=4 なので，ウは5である。百の位は0からくり下げたので，千の位もくり下がって，アは5である。
数が出たらもとの式にあてはめて，たしかめの計算をしよう。
[5]0[1]8−3[5]5[5]=1463

また，つぎのようにたし算になおして考えることもできる。

```
  3 ウ 5 エ
+ 1 4 6 3
  ア 0 イ 8
```

エは5，イは1，1＋ウ＋4＝10 より，ウは5。

★3 大きいじゅんにカードをならべると数は大きくなり，小さいじゅんにカードをならべると数は小さくなる。いちばん大きい数は86420，2番目に大きい数は86402である。また，いちばん小さい数は20468，2番目に小さい数は20486である。
86402−20486を計算して，答えは65916である。

★4 (2) 1000を1800こ集めると180万である。
250万＋180万＝430万

★5 8425人から625人をひいた7800人が男の人の人数の2倍になるので，
7800÷2＝3900(人)

男の人 ／ 女の人 ／ 625 ／ 8425

2つの数の和(たし算の答え)と差(ひき算の答え)がわかっているとき，それぞれの数をもとめる計算を和差算という。2つの数のうち大きい数，小さい数はつぎのようにもとめられる。
(大きい数)＝(和＋差)÷2
(小さい数)＝(和−差)÷2

★6 (服)＋(かばん)＝12550，
(かばん)＋(くつ)＝10200，
(くつ)＋(服)＝13250 より，
12550+10200+13250=36000(円) で，服，かばん，くつをそれぞれ2つずつ買えることがわかる。
(1) (12550+10200+13250)÷2=18000(円)
(2) (服)＋(かばん)＋(くつ)＝18000円，
(服)＋(かばん)＝12550 なので，
(くつ)＝18000−12550=5450(円)

117 仕上げテスト ⑤

解答

★1 (1) 6024
(2) 1140
(3) 2545
(4) 504
(5) 104あまり2
(6) 912あまり3

★2 43こ

★3 (1)

```
    2 3 9
  ×   3 5
  1 1 9 5
  7 1 7
  8 3 6 5
```

(2)

```
    8 3 2
  ×   4 8
  6 6 5 6
3 3 2 8
3 9 9 3 6
```

★4 (1) 16人
(2) 29800円

★5 84回

解説

★2 130÷6=21 あまり4より，大きいりんご130こは21この箱に6こずつ入り，1この箱には4こ入ることになる。このことから，大きいりんごを入れる箱は22こ。また，165÷8=20 あまり5より，小さいりんご165こを入れるときに箱は21こいる。
22+21=43(こ)

★3 (1)

```
    2 3 ア
  ×   イ 5
  1 ウ 9 5
  エ 1 オ
  8 3 6 5
```

答えが8365なので，ウは1，エは7，オは7である。
23ア×5=1195 となることから，アは9とわかる。
また，9×イ の一の位が7であることから，イは3とわかる。

(2)

```
    ア 3 イ
  ×   ウ 8
  6 エ 5 6
オ 3 2 カ
3 9 9 3 6
```

答えが39936なので，エは6，オは3，カは8である。
ア3イ×8=6656 となることから，アは8，イは2であることがわかる。また，832×ウ=3328 であることから，ウは4であることがわかる。

★4 (1) 和が50，差が18，もとめる大人の人数は小さいほうの数なので，(50−18)÷2=16(人)
(2) 大人のりょう金は，800×16=12800(円)
子どものりょう金は，500×34=17000(円)
12800+17000=29800(円)

★5 植木算である。間の数に注意しよう。
105÷7=15 より，1本の105mのケーブルを切ると，7mのケーブルが15本できる。このとき，ペンチは14回使う。
したがって，105mのケーブルを6本切るとき，ペンチは 14×6=84(回) 使うことになる。

118 仕上げテスト ⑥

解答

- ★1 (1) 5200　(2) 0.9
- ★2 (1) 27　(2) 10行目の3列目　(3) 178
- ★3 80 g
- ★4 12 cm
- ★5 (1) 8こ　(2) 10こ

解説

★1 たんいをそろえて計算する。
(1) 4.7 kg=4700 g より，
100×5+4700=5200(g)
(2) 2800 kg=2.8 t より，
3.7−2.8=0.9(t)

★2 表をたてに見ると，どの列も1行下に進むと5ずつ数がふえている。また，5列目の数は行の数と列の数をかけた数になっている。
たとえば，3行目の5列目は 3×5=15，
4行目の5列目は 4×5=20
(1) 4行目の2列目が17なので，6行目の2列目は，
17+5+5=27
(2) 一の位が8なので，3列目にある。
また，10行目の5列目の数は50で，10行目には46から50までの数がならんでいる。
(3) 89の上にある数は84，下にある数は94である。
84+94=178

★3 箱にボールを5こ入れて重さをはかると330 g，8こ入れて重さをはかると480 g なので，
480−330=150(g) は，ボール3こ分の重さだとわかる。ボール1この重さは，150÷3=50(g)
ボール5この重さは，50×5=250(g)，
箱の重さは，330−250=80(g)

★4 二等辺三角形は3つの辺のうち2本が同じ長さなので，5 cm と 12 cm を考える。ところが，5 cm の辺2本と 12 cm の辺1本では，三角形をつくることができない。紙にかいて，三角形がつくれないことをたしかめてみよう。
5 cm の辺1本と 12 cm の辺2本ならば，三角形をつくることができる。

★5 (1) 右の形の直角三角形が8こある。

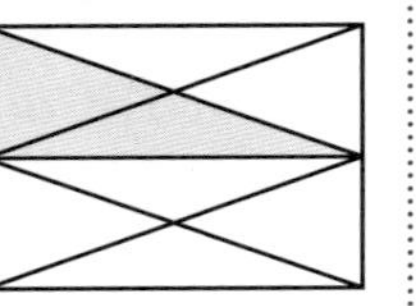

(2)

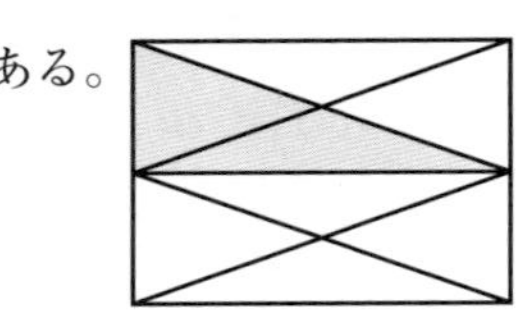

㋐と㋑の形が4こずつ，㋒の形が2こあるので，合計10こである。

119 仕上げテスト ⑦

解答

- ★1 (1) $\frac{3}{11}$　(2) $\frac{5}{13}$
  (3) 5.4　(4) 0.9
- ★2 3.8 m
- ★3 1.2 L
- ★4 (1) $\frac{4}{7}$　(2) $\frac{6}{7}$
- ★5 (1) $\frac{5}{7}$　(2) 43番目

解説

★2 1.4 m のロープ3本の長さは，
1.4+1.4+1.4=4.2(m)
むすび目は2つで，0.2+0.2=0.4(m)
4.2−0.4=3.8(m)

★3 たんいをLにそろえて計算する。
また，$\frac{1}{10}$ L=0.1 L=1 dL である。
ゆかさんは 0.3 L，姉は，0.3+0.1=0.4(L)
ジュースを飲んだら，ペットボトルののこりが 0.5 L になったので，はじめに入っていたジュースは，
0.3+0.4+0.5=1.2(L)

★4 (1) ある数を□とすると，$□+\frac{1}{7}-\frac{3}{7}=\frac{2}{7}$ より，
$□=\frac{2}{7}-\frac{1}{7}+\frac{3}{7}=\frac{4}{7}$
(2) 正しい答えは，$\frac{4}{7}-\frac{1}{7}+\frac{3}{7}=\frac{6}{7}$

★5 分母の2の分数が1こ，分母が3の分数が2こ，分母が4の分数が3こ，……とならんでいる。きまりがわかったら，(1)，(2)ともに書いていけば，答えがもとめられる。ここでは，計算でもとめる方法をせつ明する。
(1) 分母が2の分数は第1グループ，分母が3の分数は第2グループ，……のように，分母が同じ分数を，左からじゅんに同じグループに分けていく。
20=1+2+3+4+5+5 より，左から20番目の分数は第6グループの5番目の分数である。
第6グループの分数の分母は7なので，左から20番目の分数は $\frac{5}{7}$ である。
(2) $\frac{7}{10}$ の分母は10，分子は7なので，$\frac{7}{10}$ は第9グループの7番目の数である。このことから，$\frac{7}{10}$ は左から，1+2+3+4+5+6+7+8+7=43(番目) の分数になる。

120 仕上げテスト ⑧

解答

1. 70 まい
2. 19 cm
3. 8 cm
4. (1) 5 回　(2)日曜日
5. (1) 168 cm　(2) 13 まい

解説

★1 まなぶさんは兄から 20 まいもらって，まい数が同じになったので，もらう前の 2 人の差は 40 まいである。和が 180，差が 40，まなぶさんのまい数は小さいほうの数で，
(180−40)÷2=70(まい)

★2 この問題も和差算を使う。まわりの長さが 60 cm なので，たての長さと横の長さの合計は 60÷2=30 (cm) になる。もとめるたての長さは長いほうの数で，
(30+8)÷2=19(cm)

★3 植木算の問題である。8 このリングをつないだとき，つなぎ目の数は 7 こである。リング 8 こ分の長さは 12×8=96(cm) なので，96−68=28(cm) がつなぎ目の長さである。つなぎ目は 7 こあるので，1 このつなぎ目の長さは，28÷7=4(cm) とわかる。また，つなぎ目の長さはリングのはばの 2 倍である。

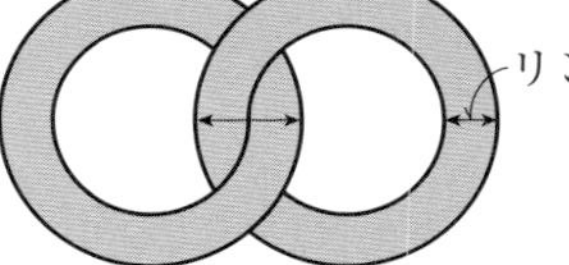

つなぎ目は 4 cm なので，リングのはばは 4 cm の半分の 2 cm である。
リングの内がわの直径は，12−2−2=8(cm)

★4 (1)この年の 2 月は 28 日までで，25 日(火)，26 日(水)，27 日(木)，28 日(金)となり，3 月 1 日は土曜日。3 月は 31 日まであるので，この年の 3 月に土曜日は 5 回ある。
(2)この年の 3 月は，その後，8 日，15 日，22 日，29 日が土曜日になり，7 でわって 1 あまる日が土曜日，2 あまる日が日曜日，3 あまる日が月曜日，……となる。3 月は 31 日，4 月は 30 日，5 月は 31 日，6 月は 30 日，7 月は 31 日で，3 月 1 日から 8 月 10 日までは，31+30+31+30+31+10=163(日)
8 月 10 日を 3 月 163 日と考えて，
163÷7=23 あまり 2 より，この年の 8 月 10 日は日曜日だとわかる。

★5 ならべたタイルのまい数と辺の数，まわりの長さを表にしてみよう。

タイルのまい数(まい)	1	2	3	4	5	6
辺の数(本)	6	10	14	18	22	26
まわりの長さ(cm)	24	40	56	72	88	104

タイルが 1 まいふえると，辺の数は 4 本ふえ，まわりの長さは 16 cm ずつ長くなることがわかる。
(1)辺の数を考えて，6，10，14，……，と書いていくと 10 番目の辺の数は 42 になる。まわりの長さは，
4×42=168(cm)
(2)まわりの長さが 216 cm になるのは，
216÷4=54 より，辺の数が 54 本のときである。10 番目より先の辺の数を，42，46，50，54 と書いていけば，54 本になるのはタイルを 13 まいならべたときだとわかる。